"十三五"高等职业教育规划教材

电路分析与测试
（第二版）

白桂银　主　编
胡亚波　杨　菁　副主编

中国铁道出版社有限公司
CHINA RAILWAY PUBLISHING HOUSE CO., LTD.

内 容 简 介

本书秉承第一版的教学方式，将理论与实践相融合，以降低课程学习难度，提高教学效率。同时为反映行业技术变化和课程改革新成果，对原有内容进行了修订与完善。全书将直流电路、交流电路、磁路、异步电动机四部分内容分为九个任务：安全用电和节约用电常识，电路模型的建立及基本物理量测试，电阻、电感及电容元件检测，万用表的装配与调试，单相正弦交流电路的分析与测试，三相交流电的识读及测试，变压器的认识与测试，三相异步电动机的认识，三相异步电动机简单控制电路实现。在教材编写过程中，以学生的就业为导向，以提高学生操作技能和职业素养为目的，以职业岗位和岗位群所需的电工技能为切入点，参照初、中级电工的职业资格标准和行业标准，强化职业能力培养。

本书适合作为高职院校机电工程类、电子信息类、通信工程类、自动化技术类专业教材，也适合中等职业学校、各级技能培训学校、职工大学等选用，还可作为电类从业人员自学的参考资料。

图书在版编目（CIP）数据

电路分析与测试/白桂银主编 . —2 版 . —北京：中国铁道
出版社有限公司，2019.8（2021.8 重印）
"十三五"高等职业教育规划教材
ISBN 978-7-113-26127-6

Ⅰ . ①电…　Ⅱ . ①白…　Ⅲ . ①电路分析-高等职业教
育-教材②电路测试-高等职业教育-教材　Ⅳ . ①TM13

中国版本图书馆 CIP 数据核字（2019）第 174336 号

书　　名：	电路分析与测试
作　　者：	白桂银

策　　划：王春霞		编辑部电话：（010）63551006
责任编辑：王春霞　鲍　闻		
封面设计：付　巍		
封面制作：刘　颖		
责任校对：张玉华		
责任印制：樊启鹏		

出版发行：中国铁道出版社有限公司（100054，北京市西城区右安门西街 8 号）
网　　址：http://www.tdpress.com/51eds
印　　刷：北京铭成印刷有限公司
版　　次：2013 年 9 月第 1 版　2019 年 8 月第 2 版　2021 年 8 月第 2 次印刷
开　　本：787 mm×1 092 mm　1/16　印张：12.5　字数：290 千
书　　号：ISBN 978-7-113-26127-6
定　　价：34.00 元

前　言

　　"电路分析与测试"是高职院校机电工程类、电子信息类、通信工程类、自动化技术类专业的基础课程。在编写教材的过程中，编者在总结高等职业教育教学改革经验的基础上，以服务为宗旨，以就业为导向，以培养自主学习、自我管理、自我提高的中、高级技能型人才为目标，以职业岗位和岗位群所需的电工技能为切入点，参照初、中级电工的职业资格标准和行业标准，强化职业能力培养。

　　本课程目标定位于培养具有电工基本知识和基本技能的应用型人才。适合于在入学后的第一学期开设，旨在于初级阶段培养学生在理论学习、技能操作、职业素养方面的综合能力，为学习专业课程打下基础。

　　依据课程培养目标，将直流电路、交流电路、磁路、异步电动机四部分内容分为以下九个任务：安全用电和节约用电常识，电路模型的建立及基本物理量测试，电阻、电感及电容元件检测，万用表的装配与调试，单相正弦交流电路的分析与测试，三相交流电的识读及测试，变压器的认识与测试，三相异步电动机的认识，三相异步电动机简单控制电路实现。每个任务按照学习目标、任务描述、相关知识、任务实施、考核评价、知识拓展、小结、习题等环节编写，一个任务就是一个知识和技能的综合训练。通过这九个典型任务的理论学习和技能训练，使学生达到初、中级电工的水平。学生学完本课程后，可以参加中级电工的考证考试，获取职业资格证，为就业创造条件。

　　本书在第一版的基础上进行了修订，主要对一些例题进行了修改，使其更易于学生掌握知识，另外，删去了一些难度较大的习题，补充了一些基础性的题目。本书由湖北交通职业技术学院白桂银（编写任务2、任务3、任务4）任主编；由胡亚波（编写任务8及任务9）、杨菁（编写任务6、任务7）任副主编。另外，熊珂也参加了编写工作（编写任务1、任务5）。全书由武汉虹信通信技术有限公司姚建洲主审。

　　书中标有*的内容为选学内容。

　　教材在编写过程中，得到了很多同行及专家的指导和帮助，在此深表感谢。同时欢迎使用本教材的老师和同学提出宝贵的意见和建议。书中如有不妥之处，敬请批评指正。

编　者

2019 年 5 月

目录

目
录

Ⅲ

任务①

→ **安全用电和节约用电常识**

电力是国家建设和人民生活的重要物质基础,电能在给人民生活、工农业生产带来极大方便的同时,电气事故也给人民生命财产造成巨大损失。电气事故严重影响了电力系统的正常发、供电及其他用户的正常使用和生产。因此,安全用电作为一般知识,应被每一个用电人员所了解,作为一门专业技术,应被所有电气工作者所掌握。

学习目标

(1)了解触电的原因、方式、种类及安全用电的基本常识;

(2)理解电动机保护接地和保护接零安装;

(3)掌握口对口人工呼吸法和人工胸外挤压法等急救措施;

(4)能够认识到节约用电的意义;

(5)熟悉节约用电的方法。

任务描述

以"安全用电和节约用电常识"为学习任务,将安全用电常识、触电原因与方式、触电预防等知识点与触电急救实施、安全用电操作等基本技能结合起来。学习基本知识后,完成以下任务:

(1)练习口对口人工呼吸法和人工胸外挤压法的操作;

(2)根据触电者的触电症状,选择合适的急救方法;

(3)针对一种触电事故,写出其安全用电操作规程。

相关知识

一、人体触电与触电急救

(一)触电的类型

触电是指人体触及或接近带电导体,电流对人体造成伤害。人体触电时,电流对人体造成的危害有电击和电灼伤两种类型。

1. 电击

电击是指电流通过人体,使人体组织受到损伤。当人遭到电击时,电流便通过人体内部,会伤害人的心脏、肺部、神经系统等。严重电击会导致人的死亡。电击是最危险的触电伤害,绝大部分触电死亡事故都是由电击造成的。

2. 电灼伤

电灼伤有接触电灼伤和电弧灼伤两种。接触电灼伤发生在高压触电事故时，电流经过人体皮肤的进出口处造成灼伤。电弧灼伤发生在误操作或过分接近高压带电体时，当其产生电弧放电，高压电弧将如火焰一样把皮肤烧伤。电弧还会使眼睛受到严重损害。

（二）常见的触电方式

按照人体触及带电体的方式和电流通过人体的路径，触电方式有单相触电、两相触电和跨步电压触电。

1. 单相触电

人站在地面上或其他接地体上，人体的某一部位触及一相带电体时，电流通过人体流入大地（或中性线），称为单相触电，如图 1-1 所示。

图 1-1（a）为电源中性点接地的单相触电。当人体接触导线时，人体承受相电压。电流经人体、大地和中性点接地装置形成闭合回路，流过人体的电流取决于相电压和回路电阻。图 1-1（b）为中性点不接地的单相触电。因中性点不接地，故有两个回路的电流通过人体。通过人体的电流值取决于线电压、人体电阻和线路对地阻抗。一般情况下，对单向触电来说接地电网比不接地电网危险性大。

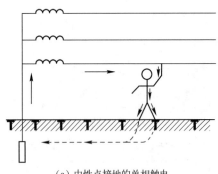 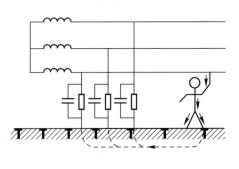

（a）中性点接地的单相触电　　　　　（b）中性点不接地的单相触电

图 1-1　单相触电

2. 两相触电

两相触电是指人体两处同时与两相导线接触时，电流从一相导线经人体到另一相导线。这种触电方式最危险，如图 1-2 所示。由于两相触电施加于人体的电压为全部工作电压（即线电压），且此时电压将不经过大地，直接与人体形成闭合回路，因此不论电网的中性点接地与否、人体对地是否绝缘，都会使人触电。

3. 跨步电压触电

当带电体接地时有电流向大地流散，在以接地点为圆心，半径 20 m 的圆范围内形成分布电位。人站在接地点周围，两脚之间（以 0.8 m 计算）的电位差称为跨步电压，由此引起的触电事故称为跨步电压触电。高压故障接地处、有大电流流过的接地装置附近都可能出现较高的跨步电压。

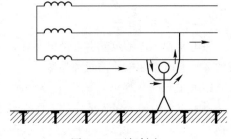

图 1-2　两相触电

设备或导线的工作电压越高、离接地点越近、两脚距离越大，跨步电压值就越大，一般离带电体接地点 10 m 以外就没有危险。

人体受到跨步电压作用时，虽没有直接与带电体接触，也没有电弧放电现象，但电流沿着人的下身，从脚经跨步到脚，与大地形成通路，此时电流只在人的下半身通过，没有流经心脏。若跨步电压值较小，危险性就小。若跨步电压值较大，人会因两脚发生抽筋而跌倒。由于头脚之间的距离大，使头脚间形成更大的电位差，同时电流流经人体的途径将经过人体的心脏，危险性显著增大，甚至在很短时间内就可导致人死亡。此时应尽快将双脚并拢或单脚着地跳出危险区。

（三）触电急救

1. 脱离电源

触电急救，首先要使触电者迅速脱离电源，越快越好。因为电流作用时间越长，伤害越重。

脱离电源就是要把触电者接触的那一部分带电设备的开关、刀闸或其他断路设备断开；或设法将触电者与带电设备脱离。在脱离电源时，救护人员既要救人，也要注意保护自己。触电者未脱离电源前，救护人员不得直接用手触及伤员，因为有触电的危险。如果触电者处于高处，脱离电源后会自高处坠落，因此，要采取措施预防触电者摔伤。

触电者触及低压带电设备，救护人员应设法迅速切断电源，可站在干燥木板上，用一只手抓住衣服将其拉离电源，如图 1-3 所示。也可用干燥木棒、竹竿等将电线从触电者身上挑开，如图 1-4 所示。如触电发生在火线与大地间，可用干燥绳索将触电者身体拉离地面，或用干燥木板将人体与地面隔开，再设法切断电源；如手边有绝缘导线，可先将一端良好接地，另一端与触电者所接触的带电体相接，将该相电源对地短路；也可用手头的刀、斧、锄等带绝缘柄的工具，将电线砍断或撬断。

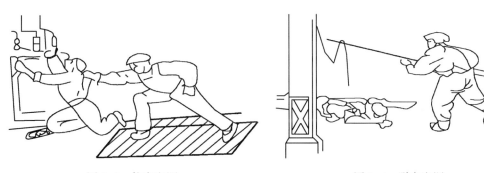

图 1-3　拉离电源　　　　　　　　　　图 1-4　脱离电源

如果触电发生在架空线杆塔上，如系低压带电线路，若可以立即切断电源的，应迅速切断电源，或者由救护人员迅速登杆，束好自己的安全带，用带绝缘胶柄的钢丝钳、干燥的不导电的物体或绝缘物体将触电者脱离电源；如系高压带电线路，又不可能迅速切断电源开关的，可采用抛挂足够截面的适当长度的金属短路线的方法，使电源开关跳闸。抛挂前，将短路线一端固定在铁塔或接地引线上，另一端系重物，但抛掷短路线时，应注意防止电弧伤人或断线危及人员安全。不论是何级电压线路上触电，救护人员在使触电者脱离电源时，要注意防止发生高处坠落事故，以及再次触及其他有电线路的可能。

如果触电者触及断落在地上的带电高压导线且尚未确认线路无电，救护人员在尚未

做好安全措施（如穿绝缘靴或临时并脚跳跃地接近触电者）前，不能接近断线点至 10 m 范围内，防止跨步电压伤人。触电者脱离带电导线后应迅速带至 10 m 以外立即开始触电急救。只要在确认线路已经无电，才可在触电者离开触电导线后，立即就地进行急救。救护触电伤员切除电源时，有时会同时使照明失电，因此应考虑事故照明、应急照明等临时照明。新的照明要符合使用场所防火、防爆的要求。但不能因此延误切除电源和进行急救。

2. 急救方法

触电者若神志清醒，应严密观察，暂时不要站立或走动。触电者若神志不清醒，应就地仰面躺平，且确保气道通畅，并用 5 s 的时间，呼叫伤员或轻拍其肩部，判定伤员是否意识丧失，禁止摇动伤员头部呼叫伤员。

触电者若意识丧失，应在 10 s 内用看、听、试的方法，判定伤员呼吸心跳情况。看——看伤员的胸部、腹部有无起伏动作；听——用耳贴近伤员的口鼻处，听有无呼气的声音；试——试测口鼻有无呼气的气流。再用两手指轻试一侧（左或右）喉结旁凹陷处的颈动脉有无搏动。若看、听、试结果，既无呼气又无颈动脉搏动，可判定呼吸、心跳停止。触电者呼吸和心跳均停止时，应立即进行就地抢救。

1）口对口人工呼吸

此方法适用于有心跳但无呼吸的触电者。在保持伤员气道通畅的同时，救护人员将触电者头部尽量后仰，鼻孔朝天，颈部伸直。救护人一只手捏紧触电者的鼻孔，另一只手掰开触电者的嘴巴。救护人深吸气后，紧贴着触电者的嘴巴大口吹气，使其胸部膨胀；之后救护人换气，放松触电者的嘴鼻，使其自动呼气。如此反复进行，吹气 2 s，放松 3 s，大约 5 s 一个循环。如果两次吹气后试测颈动脉仍无搏动，可判定心跳已经停止，要立即同时进行胸外挤压。

除开始时大口吹气两次外，正常口对口（鼻）呼吸的吹气量无须过大，以免引起胃部膨胀。吹气时要捏紧鼻孔，紧贴嘴巴，不使漏气，放松时应能使触电者自动呼气。如触电者牙关紧闭，无法撬开，可采取口对鼻吹气的方法。对体弱者和儿童吹气时用力应稍轻，以免肺泡破裂。

2）胸外心脏按压

此方法适用于无心跳无呼吸的触电者。胸外心脏按压要以均匀的速度进行，每分钟 80 次左右，每次按压和放松的时间相等。

正确的按压位置是保证胸外按压效果的重要前提。确定正确的按压位置的步骤如下：

① 右手的食指和中指沿触电伤员的右侧肋弓下缘向上，找到肋骨与胸骨结合处。

② 两手指并齐，中指放在切迹中点（剑突底部），食指平放在胸骨下部。

③ 另一只手的掌根紧挨食指上缘，置于胸骨上，即为正确的按压位置。

正确的按压姿势是达到胸外按压效果的基本保证。正确的按压姿势为：

① 使触电伤员仰面躺在平硬的地方，救护人员立或跪在伤员一侧肩旁，救护人员的两肩位于伤员胸骨的正上方，两臂伸直，肘关节固定不屈，两手掌根相叠，手指翘起，不接触伤员胸壁。

② 以髋关节为支点，利用上身的重力，垂直将正常成人胸骨压陷 3～5 cm（儿童和瘦弱者减少）。

③ 压至要求程度后，立即全部放松，但放松时救护人员的掌根不得离开胸壁，按压必须有效，有效的标志是按压的过程中可以触及颈动脉搏动。

如果需要胸外按压与口对口（鼻）人工呼吸同时进行，其节奏为：单人抢救时，每按压15次，吹气两次，反复进行；双人抢救时，每按压5次后由另一人吹气1次，反复进行。

（四）触电的常见原因

电力工业已进入一个新的发展时期。人们在生产劳动、社会活动以及家庭生活中，都与电息息相关。但是，随着电的普及，也带来了触电伤亡等安全用电问题。据多年来的触电事故统计分析，触电的主要原因如下：

1. 缺乏电气安全知识，违反安全操作规程

缺乏安全用电知识，违反安全操作规程常常是造成触电的重要原因，常见的有：不知道哪些地方带电，什么东西能导电，一知半解玩弄电器，似懂非懂，私拉乱接；电线附近放风筝等；带负荷拉高压隔离开关；低压架空线折断后不停电；在高低压同杆架设的线路电杆上检修低压线或广播线时碰触有电导线；在高压线路下修造房屋接触高压线；剪修高压线附近树木接触高压线；带电换电杆架线；带电拉临时照明线；带电修理电动工具；手触摸破损的胶盖刀闸；儿童在水泵电动机外壳上玩耍；用湿手触摸灯头或插座等。

2. 设备不合格，维护管理不善

有些用电设备安装不合格造成用电的安全隐患，如高压架空线架设高度离房屋等建筑的距离不符合安全距离，高压线和附近树木距离太小；高低压交叉线路，低压线误设在高压线上面；用电设备进出线未包扎好裸露在外等。同时用电设备管理不善也容易引起触电事故，像大风刮断低压线路和刮倒电杆后，没有及时处理；胶盖刀闸胶木盖破损长期不修理；瓷瓶破裂后相线与其他线长期相碰；水泵电动机接线破损使外壳长期带电；对已损坏的电气设备零部件，如刀闸的胶盖、刀开关的灭弧罩、熔断器的插件、移动设备的电源线等，没能及时更换；对设备接零、接地系统维护不善，造成零线断路，接零接地失效等。

3. 偶然因素

大风刮断电力线触到人体等。

为了防止触电事故，保持电气设备安全运行，我们要切实加强电气安全知识的宣传和普及，坚决贯彻执行安全操作规程，定时检修和保养电气设备，把事故率降到最低。

二、使用电气设备时防止触电的保护措施

由于电气设备的绝缘损坏或安装不合理等原因出现金属外壳带电的故障称为漏电。设备漏电时，会使得接触设备的人体发生触电，甚至还会导致设备的烧毁、电源短路等事故，因此，必须采取一定的防范措施以确保安全。

（一）保护接地

保护接地就是将电气设备不带电的金属外壳及与金属外壳相连的金属构架用导线和接地体进行可靠的连接。其作用是当电动机或变压器的某相绕组因绝缘损坏而碰壳时，因人体电阻远大于电气设备的接地电阻，所以通过人体的电流极小，可保证人身安全。

值得注意的是，在保护接地中有时需要将中性线上的一点或多点与大地多次做金属连接，这就是所谓的重复接地。

（二）保护接零

在电源中性点已接地的三相四线制供电系统中，将电器的金属外壳与电源中性线（零线）相连，这种方法称为保护接零。

当设备的金属外壳接电源零线后，若设备某相发生碰壳漏电故障，就会通过设备外壳形成相线与零线的单相短路，其短路电流足以使该相熔断器熔断，从而切断了故障设备的电源，确保了安全。

当采取保护接零时，电源零线决不允许断开，否则保护失效。因此，除了电源零线上不允许安装开关、熔断器外，在实际应用中，用户端往往将电源零线再重复接地，以防零线断开。重复接地电阻一般小于 $10\,\Omega$。

对于单相用电设备，一般采用三孔插头和三眼插座。其中，一个孔为接零保护线，对应的插头上的插脚稍长于另外两个电源插脚。

采用保护接零时要特别注意，在同一台变压器供电的低压电网中，不允许将有的设备接地，有的设备接零。这是因为若某台接地的设备出现漏电，其漏电电流经设备接地电阻与中性点接地电阻产生压降，从而使电源中性点和中性线的电位不等于大地的零电位。所有保护接零设备的金属外壳均带电，当人体触及无故障的接零设备的金属外壳时，就会发生触电事故。

三、电气火灾的防范及扑救常识

电气设备引起火灾的原因有很多，主要原因有：供电线路绝缘老化而导致漏电、短路；设备或线路过载运行；设备过热而引起绝缘差，以及绝缘油等燃烧；电气设备运行过程中产生的明火引燃易燃物等。

为了防范电气火灾的发生，在制造、安装电气设备和连接电气线路时，应减少易燃物，选用一定阻燃能力的材料。一定要按防火要求设计和运用电气产品，严格按照额定值规定条件使用电气产品，按防火的要求提高电气安装和维修水平，主要从减少明火、降低温度、减少易燃物三方面入手。另外还要配备灭火器具。

电气火灾一旦发生，首先要切断电源，进行扑救。带电灭火时，切忌用水和泡沫灭火器。应使用不导电的灭火器，如二氧化碳灭火器、干粉灭火器、四氯化碳灭火器等。

四、计划节约用电

（一）计划用电

实行计划用电是促进我国国民经济全面发展的一项长期方针。根据保证重点、择优供应、统筹兼顾的原则来编写电力分配方案，具体方法有：

（1）用电单位应按与地方电网达成的用电协议进行用电。地方电网可对用电单位采取必要的限电措施，定出奖惩制度。

（2）对用电单位要建立用户档案，定期检查供用电设备的安装容量、用电性质、用电规模、用电负荷大小以及用电时间等，还要了解用电单位目前单位产品的耗能、浪费电力情况及不合理的用电情况。

（3）根据用电管理部门向用电单位下达的用电指标来核实其单位产品的电耗、总用电量、负荷量、最大需要量、高峰与低谷的用电负荷。

供电部门希望用电单位能配合电网系统及时调整负荷，使电网全日负荷尽可能均衡及尽可能减少高峰期用电，鼓励低谷期用电，以保证电力系统安全、稳定、合理、高效地运行。

（二）节约用电

搞好电能的节约工作，必须落实在技术改造和科学管理两个方面。

（1）更新淘汰现有低效率的供电设备。如新型的 Y 系列电动机与老型号的 J02 系列电动机相比，效率就有了明显的提升。

（2）改造现有耗能大的供电设备。如一台 1 000 kV·A 的电力变压器，将铁芯从原来的热轧硅钢片改为冷轧硅钢片，1 年可以节约电能 35 000 kW·h。

（3）对于变压器、电动机、电焊机，在使用中应尽量避免在空载或轻载的情况下运行。

（4）采用无功补偿设备，如电力电容等，这样可以提高功率因数。

 **任务实施**

一、任务分析

（一）实施器材

录像机、口对口人工呼吸法教学视频、胸外心脏按压法教学视频、棕垫等。

（二）实施原理

口对口人工呼吸的操作方法如前所述。

正确的按压位置是保证胸外按压效果的重要前提。确定正确的按压位置的步骤如前所述。

正确的按压姿势是达到胸外按压效果的基本保证。正确的按压姿势如前所述。胸外按压要以均匀的速度进行，每分钟 80 次左右，每次按压和放松的时间相等。

二、完成任务

（1）组织学生观看口对口人工呼吸法、胸外心脏按压法的教学视频。

（2）模拟设计一种触电事故，"施救人"对"触电者"实施急救。

（3）以一人模拟停止呼吸的触电者，另一人模拟施救人。"触电者"仰卧于棕垫上，"施救人"按要求调整好姿势，按正确要领进行吹气和换气。"施救人"必须掌握好吹气、换气时间和动作要领。

（4）以一人模拟心脏停止跳动的触电者，另一人模拟施救人。"触电者"仰卧于棕垫上，"施救人"按要求摆好姿势，找准胸外挤压位置，按正确手法和时间要求对"触电者"施行胸外心脏按压。

（5）以上模拟训练两人一组，交换进行，认真体会操作要领。

（6）针对设计的触电事故，写出安全用电操作规程。

 **考核评价**

根据任务完成情况及评价项目，学生进行自评。同时组长负责组织成员讨论，给小组每位成员进行评价。结合教师评价、小组评价及自我评价，完成评价考核环节。考核评价表如

表 1-1 所示。

表 1-1 考核评价表

任务编号及名称					
班级		小组编号		姓名	
小组成员	组长	组员	组员	组员	组员
自我评价	评价项目	标准分	评价分	主要问题	
	任务要求认知程度	10			
	相关知识掌握程度	15			
	专业知识应用程度	15			
	信息收集处理能力	10			
	动手操作能力	20			
	数据分析处理能力	10			
	团队合作能力	10			
	沟通表达能力	10			
	合计评分				
小组评价	专业展示能力	20			
	团队合作能力	20			
	沟通表达能力	20			
	创新能力	20			
	应急情况处理能力	20			
	合计评分				
教师评价					
总评分					
备注	总评分=教师评价（50%）+小组评价（30%）+自我评价（20%）				

安全用电教育常识

一、学会看安全用电标志

明确统一的标志是保证用电安全的一项重要措施。统计表明，不少电气事故完全是由于标志不统一造成的。例如，由于导线的颜色不统一，误将相线接设备的机壳，而导致机壳带电，酿成触点伤亡。

标志分为颜色标志和图形标志。颜色标志常用来区分各种不同性质、不同用途的导线，或用来表示某处安全程度。图形标志一般用来告诫人们不要去接近有危险的场所。为保证安全用电，必须严格按有关标准使用颜色标志和图形标志。我国安全色标采用的标准，基本上与国际标准草案（ISD）相同。一般采用的安全色有以下几种：

（1）红色：用来标志禁止、停止和消防，如信号灯、信号旗、机器上的紧急停机按钮等都是用红色来表示"禁止"的信息。

（2）黄色：用来标志注意危险。如"当心触点""注意安全"等。

（3）绿色：用来标志安全无事。如"在此工作""已接地"等。

（4）蓝色：用来标志强制执行，如"必须戴安全帽"等。

（5）黑色：用来标志图像、文字符号和警告标志的几何图形。

按照规定，为便于识别，防止误操作，确保运行和检修人员的安全，采用不同颜色来区别设备特征。如电气母线，A 相为黄色，B 相为绿色，C 相为红色，明敷的接地线涂为黑色。在二次系统中，交流电压回路用黄色，交流电流回路用绿色，信号和警告回路用白色。

二、安全用电的注意事项

随着生活水平的不断提高，生活中用电的地方越来越多了。因此，我们有必要掌握以下最基本的安全用电常识：

（1）认识了解电源总开关，学会在紧急情况下关断总电源。

（2）不用手或导电物（如铁丝、钉子、别针等金属制品）去接触、探试电源插座内部。

（3）不用湿手触摸电器，不用湿布擦拭电器。

（4）电器使用完毕后应拔掉电源插头；插拔电源插头时不要用力拉拽电线，以防止电线的绝缘层受损造成触电；电线的绝缘皮剥落，要及时更换新线或者用绝缘胶布包好。

（5）发现有人触电要设法及时关断电源；或者用干燥的木棍等物将触电者与带电的电器分开，不要用手去直接救人。

（6）不随意拆卸、安装电源线路、插座、插头等。哪怕安装灯泡等简单的事情，也要先关断电源，并且未成年人要在家长的指导下进行。

三、家庭安全用电常识

（1）入户电源线避免过负荷使用，破旧老化的电源线应及时更换，以免发生意外。

（2）入户电源总保险与分户保险应配置合理，使之能起到对家用电器的保护作用。

（3）接临时电源要用合格的电源线、电源插头、插座要安全可靠。损坏的不能使用，电源线接头要用胶布包好。

（4）临时电源线临近高压输电线路时，应与高压输电线路保持足够的安全距离。（10 kV及以下 0.7 m；35 kV，1 m；110 kV，1.5 m；220 kV，3 m；500 kV，5 m。）

（5）严禁私自从公用线路上接线。

（6）线路接头应确保接触良好，连接可靠。

（7）房间装修，隐藏在墙内的电源线要放在专用阻燃护套内，电源线的截面应满足负荷要求。

（8）使用电动工具（如电钻等），须戴绝缘手套。

（9）遇有家用电器着火，应先切断电源再救火。

（10）家用电器接线必须确保正确，有疑问应及时询问专业人员。

（11）家庭用电应装设带有过电压保护的调试合格的漏电保护器，以保证使用家用电器时的人身安全。

（12）家用电器在使用时，外壳应良好接地，室内要设有公用地线。

（13）湿手不能触摸带电的家用电器，不能用湿布擦拭使用中的家用电器，进行家用电器修理必须先关断电源。

（14）家用电热设备，暖气设备一定要远离煤气罐、煤气管道，发现煤气漏气时先开窗通风，千万不能拉合电源，并及时请专业人员修理。

（15）使用电熨斗、电烙铁等电热器件。必须远离易燃物品，用完后应切断电源，拔下插销以防意外。

小　　结

　　人体触电时，电流对人们造成的危害有电击和电灼伤两种类型。触电的方式有：单相触电、两相触电和跨步电压触电。单相触电是当人站在地面上或其他接地体上，人体的某一部位触及一相带电体时，电流通过人体流入大地（或中性线）造成的触电。两相触电是指人体两处同时与两相导线接触时，电流从一相导线经人体到另一相导线。这种触电方式最危险。跨步电压触电是当带电体接地时有电流向大地流散，在以接地点为圆心，半径20 m的圆面积内形成分布电位。人站在接地点周围，两脚之间（以0.8 m计算）的电位差。

　　触电的常见原因有缺乏电气安全知识、违反安全操作规程、设备不合格、维修管理不善、电气设备维护保养不善。

　　保护接地就是将电气设备不带电的金属外壳及与金属外壳相连的金属构架用导线和接地体进行可靠的连接。保护接零就是在中性点接地的三相四线制系统中，将电气设备的金属外壳框架与中性线可靠连接。

　　无论是保护接地还是保护接零，只要相线与电气设备金属外壳接触，就会形成回路并产生故障电流，在外壳与大地间产生电位差，使触及带电外壳的人有生命危险。因此在低压配电系统中装设漏电保护器（剩余电流动作保护器），它是防止电击事故的有效措施之一，也是防止漏电引起电气火灾和电气设备损坏事故的技术措施。

触电急救，首先要使触电者迅速脱离电源，越快越好。急救方法有通畅气道、口对口人工呼吸和胸外心脏按压。

习 题 一

一、判断题

1. 人体的不同部位分别接触到同一电源的两根不同相位的相线，电流由一根相线经人体流到另一根相线的触电现象称两相触电。（　　）

2. 人体的某一部位碰到相线或绝缘性能不好的电气设备外壳时，电流由相线经人体流入大地的触电现象称单相触电。（　　）

3. 电气设备相线碰壳短路接地，或带电导线直接触地时，人体虽没有接触带电设备外壳或带电导线，但是跨步行走在电位分布曲线的范围内而造成的触电现象称跨步电压触电。（　　）

4. 我国工厂所用的 380 V 交流电是高压电。（　　）

5. 根据电力部门规定的安全电压是低压电。（　　）

二、选择题

1. 电流对人体的危害程度与通过人体的（　　）、通电持续时间、电流的频率、电流通过人体的部位（途径）以及触电者的身体状况等多种因素有关。

　　A. 电流强度　　　　　B. 电压等级　　　　　C. 电流方向

2. 人体电阻越小，流过人体的电流就（　　），触电者就越危险。

　　A. 不变　　　　　　　B. 越大　　　　　　　C. 越小

3. 心肺复苏法支持生命的三项基本措施是：（　　）、口对口（鼻）人工呼吸和胸外按压（人工呼吸）。

　　A. 气流通畅　　　　　B. 呼吸畅通　　　　　C. 气道通畅

4. 当电气设备的额定电压超过（　　）安全电压等级时，应采用防止直接接触带电体的保护措施。

　　A. 12 V　　　　　　　B. 24 V　　　　　　　C. 36 V

5. 触电者如意识丧失，应在（　　）时间内，用看、听、试的方法判定伤员呼吸和心跳情况。

　　A. 5 s　　　　　　　　B. 10 s　　　　　　　C. 15 s

6. 对已经停电的设备或线路还必须验明，确无（　　）并放电后，可装设接地线。

　　A. 电流　　　　　　　B. 电极　　　　　　　C. 电压

7. 电伤是指（　　）对人体造成的外伤。如电灼伤等。

　　A. 电流　　　　　　　B. 电击　　　　　　　C. 电压

三、问答题

1. 为什么要使用比保护接地、保护接零更加完善的附加性安全措施——漏电保护装置？

2. 电源中性点接地的单相触电，电流流经途径是什么？

3. 胸外心脏按压正确的按压姿势是什么？

4. 口对口人工呼吸的操作步骤是什么？

任务 2

➡ 电路模型的建立及基本物理量测试

电路的应用几乎渗透到各行各业，电路知识的应用在日常生产、生活中经常遇到，如照明电路、汽车电路、机床电路等。电路分析的研究对象是实际应用的各种工程电路的抽象化，抽象化的方法就是为电路建立电路模型。通过本任务的学习，实现理解电路模型的概念，学会为实际应用电路建立电路模型，以及用万用表对电路中的电压、电流等基本物理量进行测量等目标。

学习目标

（1）理解电路模型、实际电路元器件、理想电路元器件等概念；

（2）掌握直流电路的基本物理量及相互关系；

（3）理解电流、电压、电动势、电功率的物理意义；

（4）理解电压源、电流源、电源负载工作、开路和短路等概念；

（5）学会建立简单应用电路的电路模型；

（6）熟练使用万用表测量电路中的电压、电流等基本物理量，并分析相关数据；

（7）培养学生阅读科技文献资料的能力和团队协作精神。

任务描述

在日常生活中，手电筒是常用的照明用具之一，手电筒电路是最简单的应用电路。学会对手电筒进行简单测试，建立手电筒电路模型，学会用直流稳压电源、电阻箱等仪器设备建立电路模型，并对电压、电流等物理量进行测量，是掌握复杂电路研究分析的基础。

以"电路模型的建立及基本物理量测试"为学习任务，将电路的基本物理量、欧姆定律及应用、电源的类型、电路的工作状态等知识点，与手电筒的拆装、电路的搭建、万用表的使用及基本物理量的测试等技能相结合。根据提供的仪器、工具及设备等，完成以下任务：

（1）拆装手电筒，了解其电路结构；

（2）画出手电筒电路原理图及安装图；

（3）用万用表对电池电压、小灯泡的电阻及开关、金属筒体等部件进行检测；

（4）建立手电筒电路模型，根据手电筒电路原理图，建立一个直流电路；

（5）用万用表对建立的电路中的电压、电流进行测量；

（6）根据测量结果，分析计算电路中电压、电流及功率。

相关知识

一、电路与电路模型

图2-1是常见的一种简单照明用具——手电筒。

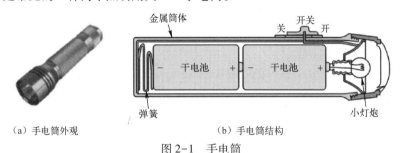

（a）手电筒外观　　　　　　　　（b）手电筒结构

图2-1　手电筒

它由四部分组成：

（1）干电池：将化学能转换为电能；

（2）小灯泡：将电能转换为光能；

（3）开关：通过开关的闭合与断开，控制小灯泡的点亮与熄灭；

（4）金属筒体与弹簧：提供手电筒中各部分的连接。

（一）电路

电路就是构成电流通路的一切设备的总和，具有传输电能、处理信号、测量、计算等功能。一般由电源、负载及中间环节组成，图2-1就是一个最简单的电路。

电源是供应电能的设备，如发电机、电池等。

负载是取用电能的设备，如电灯、电动机等。

中间环节是连接电源和负载的部分，起传输、控制和分配电能的作用，如变压器、输电线、开关等。

（二）电路模型

1. 电路模型

用理想的电路元器件代替实际的元器件构成的电路称为电路模型。图2-2就是手电筒的电路模型。E 为电池的电动势，R_0 为电池内阻，EL 为小灯泡负载，S 为开关。在没有做特别说明的情况下，一般所研究的电路都为电路模型。

电路模型的建立必须考虑工作条件，在不同的条件下，一个实际元器件可能采用不同的模型，若模型取得不恰当，会造成很大的误差。所以只有建立一个恰当的电路模型，才能保证电路的分析计算结果与实际情况接近。

2. 电路元器件

实际电路中的元器件品种繁多，有的元器件主要消耗电能，如电灯、电炉、电烙铁等；有的元器件主要储存磁场能量，如电感线圈；有的元器件主要储存电场能量，如各种电容器；有的元器件主要提供电能，如电池、发电机等。

图2-2　手电筒的电路模型

对于某一个实际元器件而言，其电磁性能并不是单一的。例如实验室用的滑动电阻器，它由导线绕成，主要具有消耗电能的性质，即具有电阻的性质，但当所加的电压、电流性质不同时，它又具有储存电场能量和磁场能量的性质，即具有电容和电感的性质。

为了便于对电路进行分析和计算，将实际元器件近似地理想化，使每一种元器件只集中表现一种主要的电或磁的性能，这种理想化的元器件就是实际元器件的模型，称为电路元器件，如电阻、电感、电容、电源等。

① 电阻：表示消耗电能的元件，如电阻器、灯泡、电炉等。可以用理想电阻来反映其在电路中消耗电能这一主要特征。

② 电感：表示产生磁场、储存磁场能量的器件，如各种电感线圈。可以用理想电感来反映其储存磁能的特征。

③ 电容：表示产生电场、储存电场能量的器件，如各种电容器。可以用理想电容来反映其储存电能的特征。

④ 电源：电源有两种表示方式，即电压源和电流源。表示能将其他形式的能量转换为电能的元件。

3. 电路模型中常用符号

电路模型中部分常用符号如表 2-1 所示。

表 2-1　电路模型中部分常用符号

名　称	符　号	名　称	符　号
电池		电压表	
电流源		电阻	
电压源		电容	
开关		电感	
电流表		接地（功能等电位联结）	

二、电流

手电筒的开关闭合时，小灯泡点亮，此时小灯泡上有电流流过，它将电能转换为光能。

（一）电流的基本概念

电荷的定向移动形成电流。

电流的大小用电流强度（简称电流）来表示。电流强度在数值上等于通过导体横截面的电荷量 Q 与通电时间 t 的比值，即

$$I = \frac{Q}{t} \tag{2-1}$$

式中：Q——通过导体横截面的电荷量；

t——通过电荷量所用时间；

I——电流。

国际单位制（SI）中，电荷的单位是库［仑］（C），时间的单位是秒（s），电流的单位是安［培］（A），实际应用中还有毫安（mA）和微安（μA）等。它们之间的换算关系是：

$$1 \text{ mA} = 10^{-3} \text{ A}$$

$$1 \text{ μA} = 10^{-6} \text{ A}$$

（二）电流的方向

电流不仅有大小，而且还有方向。规定正电荷移动的方向为电流的方向。在金属导体中，电流的方向与自由电子运动方向相反。

在简单电路中，电流的方向可以直接判断出来。在图 2-3 所示电路中，电源内部电流由负极流向正极，而在电源外部电路电流则由正极流向负极，形成一个闭合路径。但在较复杂电路中，如图 2-4 中，R_3 电阻上电流的实际方向难以判定。

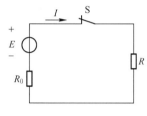

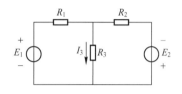

图 2-3　简单电路　　　　　　　图 2-4　复杂电路

在电路分析计算中，任意选定一个方向作为电流的方向，这个选定的方向称为电流的参考方向，如图 2-4 中的 I_3，也称为电流的正方向。当电流的实际方向与参考方向一致时，电流为正值，反之为负值。因此，在选定了电流的参考方向后，电流值的正负才有了意义，如图 2-5 所示。

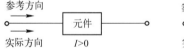

图 2-5　电流参考方向、实际方向及值正负关系

把大小和方向都不随时间变化的电流称为稳恒直流，常用英文大写字母 I 表示。当电流的大小或方向随着时间而变化的电流，称为交流电流，常用英文小写字母 i 表示。

测量电流物理量大小的仪表是电流表（也叫安培表）。电流表应该串联在待测电路中，其内阻越小，测量越精确。连接直流电流表时应注意其正、负极不要接错，如图 2-6 所示，电流表两旁标注的"＋""－"号为电流表的极性。在测量精度要求不高的情况下，可以用万用表的电流挡进行电流测量。

【例 2-1】如图 2-7 所示，各电流的参考方向已设定。已知 $I_1 = 10 \text{ A}$，$I_2 = -2 \text{ A}$，$I_3 = 8 \text{ A}$，试确定 I_1、I_2、I_3 的实际方向。

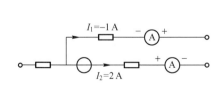

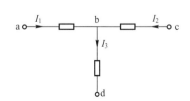

图 2-6　直流电流测量电路图　　　图 2-7　例 2-1 图

解 $I_1>0$，故 I_1 的实际方向与参考方向相同，I_1 由 a 点流向 b 点。

$I_2<0$，故 I_2 的实际方向与参考方向相反，I_2 由 b 点流向 c 点。

$I_3>0$，故 I_3 的实际方向与参考方向相同，I_3 由 b 点流向 d 点。

三、电压和电位

（一）电压

电场中电荷受到电场力的作用。为了衡量电场力做功能力的大小，引入电压这一物理量。A、B 间的电压 U_{AB} 在数值上等于电场力把电荷由 A 点移动到 B 点所做的功 W_{AB} 与被移动电荷量 q 的比，即

$$U_{AB}=\frac{W_{AB}}{Q} \tag{2-2}$$

式中：U_{AB}——A、B 两点间的电压，单位伏［特］（V）；

$\quad\quad W_{AB}$——电场力将电荷 q 从 A 移动到 B 所做的功，单位焦［耳］（J）；

$\quad\quad Q$——电荷的电荷量，单位库［仑］（C）。

电压常用单位还有千伏（kV）和 毫伏（mV），它们之间的换算关系是：

$$1\ V=10^{-3}\ kV$$

$$1\ mV=10^{-3}\ V$$

大小和方向都不随时间变化的电压称为直流电压，用大写字母 U 表示。大小或方向随时间变化的电压称为交流电压，用小写字母 u 表示。

（二）电位

电荷在电场中某点所具有的电势能与电荷所带电荷量的比称为该点的电位。

$$V_A=\frac{W_A}{Q} \quad\quad V_B=\frac{W_B}{Q} \tag{2-3}$$

电位的单位与电压的单位相同，为伏［特］（V）。

由式（2-2）和式（2-3）可知，电路中 A、B 两点间的电压等于 A、B 两点间的电位差

$$U_{AB}=V_A-V_B \tag{2-4}$$

（三）电压与电位的方向

讨论电位时，首先要选取参考点，参考点的电位规定为 0 V，所以又叫零电位点。参考点在电路中通常用符号"⊥"表示。电路中各点的电位是相对于参考点而言的，它的大小与参考点的选择有关，比参考点高的电位为正，反之为负，如图 2-8 所示。

规定电压的实际方向由高电位指向低电位，即电位降低的方向。与电流类似，分析计算电路时，也要预先设定电压的参考方向。当电压的实际方向与参考方向一致时，电压为正，反之为负。因此电压的正负表明其实际方向与参考方向的关系。

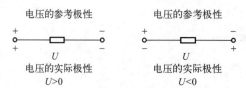

图 2-8 电压参考方向、实际方向及值正负关系

（四）电压与电流的关联参考方向

在电路分析中，电流的参考方向和电压的参考极性都可以各自独立地任意设定。但为了方便，通常采用关联参考方向，即电流从标电压"＋"极性的一端流入，并从标电压"－"极性的另一端流出，如图2-9所示。这样，在电路图上只要标出电压的参考极性，就确定了电流的参考方向，反之亦然。例如，图2-9（a）只需用图2-9（b）、（c）中的一种表示即可。

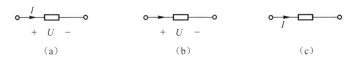

$$（a）\qquad\qquad（b）\qquad\qquad（c）$$

图2-9　关联参考方向

四、电阻

（一）物质的分类

自然界的物质根据其导电能力强弱，可分为导体、半导体和绝缘体。

金属导体的原子核对外层电子的吸引力很小，电子容易挣脱原子核的束缚，成为自由电子，其导电性很强。溶液中阴阳离子也可导电。

绝缘体的原子核对外层电子吸引力很大，电子很难挣脱原子核的束缚而成为自由电子，因而绝缘体不能导电。

半导体的导电性能介于导体与绝缘体之间。

（二）电阻定律

导体对电流阻碍作用的大小叫电阻，通常用 R 表示。

导体的电阻越大，表示导体对电流的阻碍作用越大。不同的导体，电阻一般不同，电阻是导体本身的一种特性。

导体的电阻大小不仅与导体的材料有关，还与导体的尺寸有关。实验证明，在温度不变时，导体的电阻大小与导体的长度成正比，与导体的横截面积成反比，这就是电阻定律，用公式表示为

$$R=\rho\frac{L}{S} \qquad\qquad (2-5)$$

式中，ρ 是电阻率，由电阻材料的性质决定，单位为欧·米（$\Omega\cdot m$）；L 为导体的长度，单位为米（m）；S 为导体的截面积，单位为米^2（m^2）；R 为导体的电阻，单位是欧（Ω）。

在国际单位制中，电阻的单位还有千欧（$k\Omega$）、兆欧（$M\Omega$）。

$$1\ M\Omega=1\ 000\ k\Omega$$

$$1\ k\Omega=1\ 000\ \Omega$$

导体的电阻不仅与材料的性质和尺寸有关，还和温度有关。对于金属导体而言，温度升高，分子热运动加剧，其电阻随温度的升高而升高，有些半导体却相反。

五、欧姆定律

（一）部分电路欧姆定律

在图2-10所示电路中，导体中的电流 I 与它两端的电压 U 成正比，与导体的电阻 R 成反比，即

$$I = \frac{U}{R} \qquad\qquad (2\text{-}6)$$

（二）全电路欧姆定律

图 2-11 中，r 表示电源的内电阻，R 表示电源外电阻（负载），E 为电源的电动势，单位为伏（V）。

全电路欧姆定律可表示为：闭合电路的电流跟电源的电动势成正比，跟内外电路的电阻之和成反比。

数学表达式为

$$I = \frac{E}{R+r} \quad \text{或} \quad E = RI + rI \qquad\qquad (2\text{-}7)$$

外电路两端电压 $U = RI = E - rI = \dfrac{R}{R+r}E$，显然，负载电阻 R 值越大，其两端电压 U 也越大；当 $R \gg r$ 时（相当于开路），则 $U = E$；当 $R \ll r$ 时（相当于短路），则 $U = 0$，此时一般情况下的电流（$I = E/r$）很大，电源很容易烧毁。

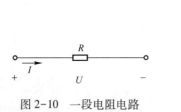

图 2-10 一段电阻电路

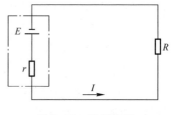

图 2-11 欧姆定律

六、电功率和电能

（一）电功率

电功率是描述传递转换电能的速率的一个物理量，单位时间内电场力所做的功称为电功率，简称功率，以符号 P 表示，即

$$P = \frac{W}{t} = \frac{QU}{t} = UI \qquad\qquad (2\text{-}8)$$

式中：W 表示电场力所做的功（J）；Q 表示电荷量（C）；U 表示电压（V）；I 表示导体中的电流。电压和电流用国际单位伏特和安时，功率的单位就是瓦［特］（W），简称瓦。有时用千瓦（kW）作为功率的单位，$1\,kW = 1\,000\,W$。

（二）电能

若用电设备的功率为 P，则其在 t 时间内所消耗的电能 W 为

$$W = Pt \qquad\qquad (2\text{-}9)$$

电能的单位是焦耳（J），它等于功率为 $1\,W$ 的用电设备在 $1\,s$ 内所消耗的电能。在实际生活中还采用千瓦·时（kW·h）作为电能的单位，它等于功率为 $1\,kW$ 的用电设备在 $1\,h$（$3\,600\,s$）内所消耗的电能，即通常所说的 1 度电。1 度 $= 1\,kW \cdot h = 1\,000 \times 3\,600\,J = 3.6 \times 10^{6}\,J$。

日常生活中的电度表就是用来计量电能的。

（三）电源的最大输出功率

在图 2-5 所示电路中，电源的功率一部分被其内电阻 r 所消耗，还有一部分输出给负载电

阻 R，电源输出的功率就是负载电阻 R 所获得的功率 P，根据前面的讲解可知

$$P=I^2R \tag{2-10}$$

根据全电路欧姆定律有 $I=\dfrac{E}{R+r}$，代入式（2-10）可得

$$P=I^2R=\left(\frac{E}{R+r}\right)^2R=\frac{E^2}{\dfrac{(R-r)^2}{R}+4r}$$

因为电源电动势 E 和内阻 r 是恒定的，要使电源输出的功率 P 最大，必须使 $R=r$。因此，电源输出最大功率的条件：$R=r$。

电源的最大输出功率

$$P=\frac{E^2}{4R} \tag{2-11}$$

七、电压源与电流源

（一）电压源

1. 理想电压源

理想电压源简称电压源，其输出电压恒定为 U_s 或一定时间的函数 $U_s(t)$，与流过的电流无关，对负载提供比较稳定的电压。电压源的电路符号如图 2-12 所示。直流电压源的伏安特性如图 2-13 所示。

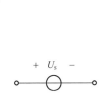

图 2-12　电压源的电路符号

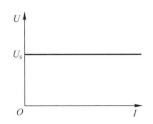

图 2-13　电压源的伏安特性

2. 实际电压源

在手电筒电路中，当开关闭合时，小灯泡两端的电压会降低，这是因为电池内部存在内电阻的原因。

实际电压源可用恒定电压源和内阻串联的模型表示，如图 2-14（a）所示，图 2-14（b）为其伏安特性。它向外电路提供的电压、电流关系为

$$U=-IR_s+U_s \tag{2-12}$$

3. 电压源做电源或负载的判定

根据所连接的外电路，电压源电流（从电源内部看）的实际方向，可以从电压源的低电位端流入，从高电位端流出，也可以从高电位

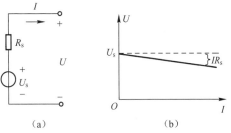

（a）　　　　　　（b）

图 2-14　实际电压源及其伏安特性

端流入，从低电位端流出。前者电压源提供功率；后者电压源吸收（消耗）功率，此时电压源将作为负载出现。

【例 2-2】如图 2-15 所示，B 部分电路是由可调电阻 R 与另一理想电压源 $U_{s2}=12\text{ V}$ 串联构成，作为 A 部分电路 $U_{s1}=6\text{ V}$ 的理想电压源的外部电路，电压 U、电流 I 参考方向如图中所标。求：

（1）$R=6\ \Omega$ 时电流 I、理想电压源 U_{s1} 吸收功率 P_{s1}。

（2）$R\to0$ 时电流 I、U_{s1} 吸收功率 P_{s1}。

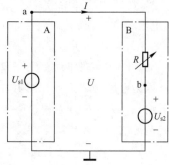

解 （1）a 点电位 $V_a=6\text{ V}$，b 点电位 $V_b=12\text{ V}$，电压 $U_{ab}=V_a-V_b=6\text{ V}-12\text{ V}=-6\text{ V}$，根据欧姆定律，得电流

$$I=\frac{U_{ab}}{R}=\frac{-6\text{ V}}{6\ \Omega}=-1\text{ A}$$

对电压源 U_{s1} 来说，U、I 参考方向非关联，所以 U_{s1} 吸收功

图 2-15　例 2-2 图

$$P_{s1}=-UI=(-6\text{ V})\times(-1\text{ A})=6\text{ W}$$

此时 U_{s1} 不起电源作用，事实上它成了 12 V 理想电压源的负载。

（2）当 $R\to0$ 时，显然

$$U=U_{s1}=6\text{ V}$$

$$I=\frac{U_{ab}}{R}\to-\infty$$

$$P_{s1}=-UI\to\infty$$

此时 U_{s1} 为吸收功率。

（二）电流源

1. 理想电流源

理想电流源简称电流源，其输出电流恒定为 I_s 或为一定时间的函数 $I_s(t)$，与电流源两端的电压无关，对负载提供比较稳定的电流。理想电流源的电路符号及伏安特性如图 2-16 和图 2-17 所示。

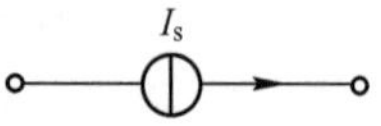

$$I_s$$

图 2-16　电流源的
电路符号

2. 实际电流源

实际的电流源可用理想电流源 I_s 和一个内阻 R_s 并联的电路模型来表示，如图 2-18（a）所示，图 2-18（b）为其伏安特性。其电压、电流关系为

$$I=I_s-\frac{U}{R_S}\quad\text{或}\quad U=R_SI_s-R_SI \qquad (2\text{-}13)$$

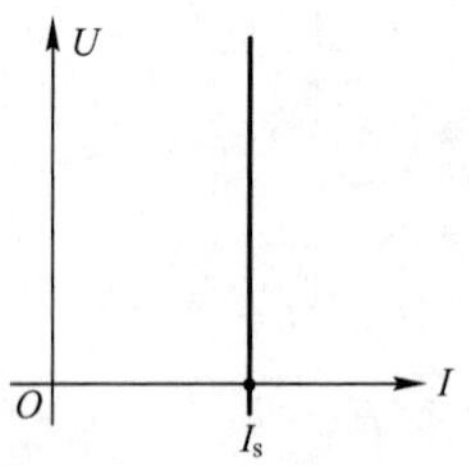

图 2-17　电流源的伏安特性　　　　图 2-18　实际电流压源及其伏安特性

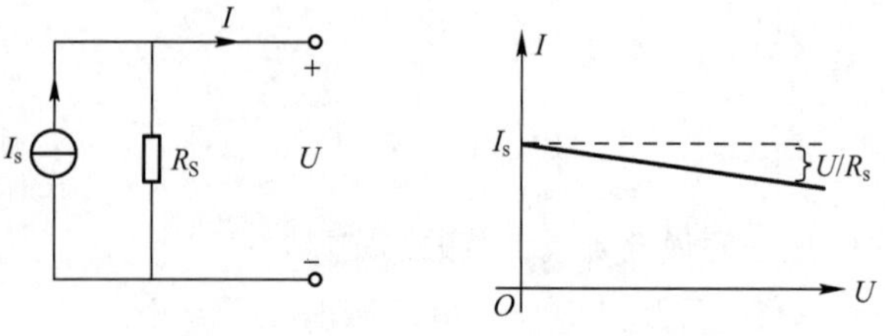

【例 2-3】 电路如图 2-19 所示，试求：

（1）电阻两端的电压；

（2）1 A 电流源两端的电压及功率。

解 （1）由于 5 Ω 电阻与 1 A 电流源相串联，因此流过 5 Ω 电阻的电流就是 1 A，而与 2 V 电压源无关，即

$$U_1 = 5\ \Omega \times 1\ A = 5\ V$$

（2）1 A 电流源两端的电压包括 5 Ω 电阻上的电压和 2 V 电压源，因此

$$U = U_1 + 2\ V = 5\ V + 2\ V = 7\ V$$

$$P = 1\ A \times 7\ V = 7\ W$$

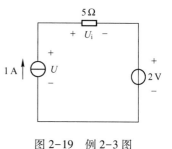

图 2-19　例 2-3 图

八、电路的三种工作状态

（一）电源的有载工作状态

将手电筒电路中的开关合上，小灯泡发光，这就是电源的有载工作状态。示意图如图 2-20 所示。

（1）电压与电流的关系

$$I = \frac{U_s}{R_s + R} \tag{2-14}$$

（2）功率的平衡

电源产生功率 = 负载取用功率 + 内阻及线路损耗功率

（3）额定值与实际值。任何一个电气设备，为了安全可靠地工作，都必须有一定的电压、电流和功率的限制和规定，这种规定值称为额定值，通常用 U_N、I_N、P_N 来表示，标于设备的铭牌上。

电源输出的功率和电流取决于负载的大小，电气设备所处的工作状态为实际值。实际值不一定等于其额定值。

（二）电源开路

当手电筒电路开关打开时，小灯泡不亮，此时电源则处于开路状态，如图 2-21 所示。其特点为：

输出电流 $I = 0$；

输出电压 $U_i = U_s$；

输出功率 $P = 0$。

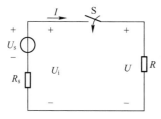

图 2-20　电源的有载工作

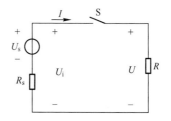

图 2-21　电源开路

（三）电源的短路

当手电筒电路中电池两端由于某种原因连在了一起，电源则被短路。其示意图如图 2-22 所示。其特点为

$$U=0 \quad （U 为电源端电压）$$

$$I=I_s=\frac{U_s}{R_s} \quad （I_s 为短路电流）$$

电源短路时电源输出功率等于内阻消耗的功率，会烧坏电源。短路通常是一种严重的事故，应尽力预防。

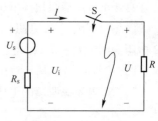

图 2-22　电源短路

九、伏安法测电阻

（一）伏安法测电阻原理

伏安法测电阻的原理是欧姆定律 $I=\dfrac{U}{R}$。在图 2-23 所示电路中，要测某一电阻 R_x 的阻值，只要用电压表测出 R_x 两端的电压 U，用电流表测出通过 R_x 的电流 I，根据欧姆定律的变形公式 $R=\dfrac{U}{I}$，代入公式即可计算出电阻 R_x 的阻值。由于电压表也叫伏特表，电流表也叫安培表，所以这种用电压表、电流表测电阻的方法叫"伏安法"。

（二）直流电压表和电流表的使用

图 2-23 中电阻 R_x 并联了电压表，用来测量 R_x 两端电压，串联了电流表，用来测量流过 R_x 的电流。电流表和电压表是电学中两种最基本最重要的仪表，所以掌握电流表和电压表的使用方法是十分必要的。

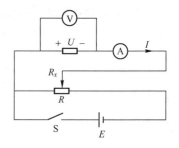

图 2-23　伏安法测电阻原理

如图 2-24 所示，表盘上标有字母"A"或"mA"字样，该表就是测量电流的电流表。

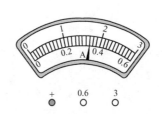

图 2-24　电流表

如图 2-25 所示，表盘上标有字母"V"字样，该表就是测量电压的电压表。

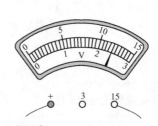

图 2-25　电压表

在接入电路时，电流表必须串联在待测电路中，电流表的"＋"极必须跟电源的"＋"极端靠近，电流表的"－"极必须跟电源的"－"极端靠近；电压表必须并联在待测电路的两端，注意正负极不能接反。使用电流表的时候，它的两个接线柱千万不能直接接到电源的两极上，以免由于电流过大而将电流表烧坏。

图 2-24 和图 2-25 所示的电流表和伏特表均有三个接线柱，根据所需量程选择合适的接线柱，例如电流表接在"＋"和"0.6"两个接线柱上，则量程为 0.6 A；电压表接在"＋"和"15"两个接线柱，则量程为 15 V。在实验前，应先估计电路的电流强度和电压值，如果估计电流小于 0.6 A，则选择 0 ～ 0.6 A 量程，如果估计电流大于 0.6 A，小于 3 A，此时就选 0 ～ 3 A 量程；若不能估计，可采用试触的办法进行，据测试的数据选用适当的量程。对于电压表，若估计电压小于 3 V，则选 0 ～ 3 V 量程；若估计大于 3 V，这时应选 0 ～ 15 V 量程，无法估计时可用试触的办法进行。

十、基本物理量测试

（一）万用表的基本功能

万用表（见图 2-26）又叫多用表、三用表、复用表，是一种可以测量多种电量的多量程便携式仪表，由于它具有测量的种类多、量程范围宽、价格低以及使用和携带方便等优点，因此广泛应用于电气维修和测试中。

一般的万用表可以测量直流电压、直流电流、电阻、交流电压等，有的万用表还可以测量音频电平、交流电流、电容、电感以及晶体管的 β 值等。

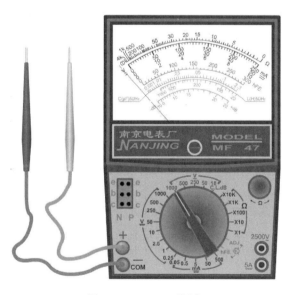

图 2-26　MF47 万用表

（二）万用表的使用

万用表的种类很多，但根据其显示方式的不同，一般可分为指针式万用表和数字式万用表两大类。这里以 MF47 型指针式万用表为例来介绍万用表的使用方法。

1. MF47 万用表基本功能

MF47 型是设计新颖的磁电系整流便携多量程万用电表，可供测量直流电流、交直流电压、直流电阻等，具有 26 个基本量程和电平、电容、电感、晶体管直流参数等 7 个附加参考量程。

2. 万用表面板识读

刻度盘与挡位盘印制成红、绿、黑三色。表盘颜色分别按交流红色、晶体管绿色、其余黑色对应制成，使用时读数便捷。刻度盘共有六条刻度，第一条用于测电阻；第二条用于测交直流电压、直流电流；第三条用于测晶体管放大倍数之用；第四条用于测量电容之用；第五条用于测电感之用；第六条供测音频电平。万用表刻度盘见图 2-27 所示。刻度盘上装有反光镜，以消除视差。

除交直流 2 500 V 和直流 5 A 分别有单独插座之外，选择其余各挡时只须转动一个选择开关，使用方便，如图 2-27 所示。

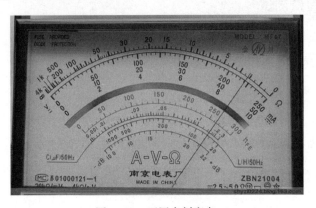

图 2-27　万用表刻度盘

3. 常用物理量测量

1）测量前注意事项

在使用前应检查指针是否指在机械零位上，如不在零位，可旋转表盖上的调零旋钮使指针指示在零位上。然后将测试表笔红黑插头分别插入"+""−"插孔中，若测量交直流2 500 V 或直流 5 A 时，红表笔则应分别插到标有"2 500 V"或"5 A"的插座中。

2）直流电流测量

MF47 万用表直流电流挡有：500 mA、50 mA、5 mA 和 500 μA、50 μA 五个量程。红表棒接"+"，黑表棒接"COM"，挡位开关旋钮置于直流电流挡，选择合适的量程。断开被测电路，将万用表两表棒串接到被测电路上，注意直流电流从红表棒流入，黑表棒流出，不能接反。

3）直流电压测量

MF47 万用表的直流电压挡位有：0.25 V、1 V、2.5 V、10 V、50 V、250 V、500 V、1 000 V 八个量程。红表棒接"+"，黑表棒接"COM"，把挡位开关旋至直流电压挡，并选择合适的量程。当被测电压数值范围不确定时，应先选用较高的量程。红表棒接直流电压高电位，黑表棒接直流电压低电位，不能接反。把万用表两表棒并联接到被测电路上，根据测出电压值，再逐步选用低量程，最后使指针在满刻度的 2/3 以上。

4）交流电压测量

MF47 万用表交流电压挡有 10 V、50 V、250 V、500 V、1 000 V 五个量程。将挡位开关旋至交流电压挡，表棒不分正负极，其他与测量直流电压方法相同，读数为交流电压的有效值。

5）电阻测量

MF47 万用表电阻挡有 ×1 Ω、×10 Ω、×100 Ω、×1 kΩ、×10 kΩ 五个倍率。插好表棒，置于电阻挡，选择合适倍率。短接两表棒，旋动电阻调零旋钮，进行电阻挡调零，使指针指到电阻刻度右边的"0"处，每次换挡位都要调零。将被测电阻脱离电源，用两表棒接触电阻两端，使指针尽量能够指向表刻度盘中间的 1/3 区域，否则调换合适的电阻挡位，以保证读数的精度。

所测电阻值为表头指针显示的读数乘所选量程的倍率。例如，选用 $R×10$ 倍率挡测量，指针指示 50，则被测电阻的阻值为 50 Ω×10 = 500 Ω。

4. 使用万用表时的注意事项

（1）万用表虽有双重保护装置，但使用时仍应遵守下列规程，避免意外损失。

① 测量高压或大电流时，为避免烧坏开关，应在切断电源情况下变换量限。

② 测未知量的电压或电流时，应先选择最高数，待第一次读取数值后，方可逐渐转至适当位置以取得较准读数并避免烧毁电路。

③ 偶然发生因过载而烧断熔丝（俗称"保险丝"）时，可打开表盒换上相同型号的熔丝（0.5 A/250 V）。

（2）每次测量时，须进行机械调零，否则测量结果可能不准确。

（3）使用万用表时，应使万表水平放置在桌子上；读数时眼睛视线应与指针垂直，以免出现误差。

（4）若用短接万用表表笔进行调零时指针调不到零位，说明电池电量不足，应更换内部电池。长期不用万用表，应将电池取出，以防止电池受腐蚀而影响表内其他元器件。

 **任务实施**

一、任务分析

本任务要求完成两大内容：一是拆装手电筒，了解其电路结构，画出手电筒电路原理图及安装图，用万用表对电池电压、小灯泡的电阻及开关、金属筒体等部件进行检测，设计合适的表格记录检测数据。二是根据提供的电阻箱、直流稳压电源、开关、灯泡、直流电压表、直流电流表、万用表等仪器设备，依据手电筒电路图建立一个直流电路，测量电路中的电压、电流等物理量，设计合适的表格记录检测数据，并分析数据规律。

在任务实施之前，应做好以下准备工作：

（1）以团队形式合作实施任务，每队确定组长人选，并由组长对团队成员进行分工；

（2）明晰任务要求，列出实施任务用到的实验器材、工具、辅助设备等；

（3）制定任务实施方案，包括手电筒拆装方案，手电筒组成部件检测方案，万用表测量电路中电压、电流方案；

（4）分析讨论任务实施过程中的注意事项；

（5）将以上分析结果填入表 2-2。

表 2-2　任务实施方案表

任务编号	任务名称	小组编号	组长	组员及分工
实验器材、工具及辅助设备				
任务实施方案	手电筒拆装方案			
	手电筒组成部件检测方案			
	万用表测量电压、电流方案			
注意事项				

二、完成任务

（1）拆装手电筒，将其结构组成部分填入表 2-3。

表 2-3　手电筒组成

序　号	名　称

（2）画出手电筒电路安装图。

（3）画出手电筒电路原理图。

（4）对手电筒组成部件检测，并将检测结果填入表 2-4。

表 2-4　手电筒部件检测结果

序　号	部件名称	检测参数	检测结果
1	干电池		
2	小灯泡		
3	开关		
4	金属筒体		

（5）分析建立手电筒电路模型用到的实验器材、辅助设备数量或参数，将结果填入表2-5。

表2-5　实验器材及工具设备

序　　　号	实验器材、辅助工具设备名称	参数或数量

（6）根据分析手电筒电路，用选定的实验器材、辅助设备建立直流电路。

（7）选择合适的万用表挡位，测量电路的电压和电流，并将测量结果填入表2-6。

表2-6　电压、电流测量

测量对象	测量数据			测量结果（平均值）
	第1次	第2次	第3次	

（8）分析测量数据，计算功率。

（9）填写表2-7，完成评价考核。

 **考核评价**

　　根据任务完成情况及评价项目，学生进行自评。同时组长负责组织成员讨论，给小组每位成员进行评价。结合教师评价、小组评价及自我评价，完成评价考核环节。考核评价表见表2-7所示。

表 2-7　考核评价表

任务编号及名称						
班级		小组编号			姓名	
小组成员	组长	组员	组员		组员	组员
自我评价	评价项目	标准分	评价分	主要问题		
	任务要求认知程度	10				
	相关知识掌握程度	15				
	专业知识应用程度	15				
	信息收集处理能力	10				
	动手操作能力	20				
	数据分析处理能力	10				
	团队合作能力	10				
	沟通表达能力	10				
	合计评分					
小组评价	专业展示能力	20				
	团队合作能力	20				
	沟通表达能力	20				
	创新能力	20				
	应急情况处理能力	20				
	合计评分					
教师评价						
总评分						
备注	总评分＝教师评价（50%）＋小组评价（30%）＋自我评价（20%）					

验 电 器

在电工作业中常用到验电器，又叫电压指示器，是用来检查导线和电器设备是否带电的工具，有高压验电器和低压验电器之分。

低压验电器俗称试电笔，常做成钢笔式或螺丝刀式，其外形见图 2-28 所示。

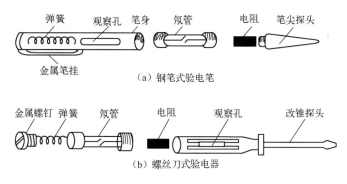

（a）钢笔式验电笔

（b）螺丝刀式验电器

图 2-28　低压验电器

低压验电器只能在 380 V 以下（含 380 V）的电压系统和设备上使用，当金属笔尖接触到低压带电设备时，氖管发出红光。电压越高氖管发出的光越亮，电压越低氖管发出的光越暗。因此，可以根据氖管发光的亮暗程度判断电压的高低。

高压验电器是用来检测 6 ～ 35 kV 电网中的配电设备、架空线路及电缆等是否带电的工具。高压验电器可分为发光型、声光型和风车式 3 类。高压验电器使用者必须持有高压电工作业上岗证。

小　　结

（1）电路就是构成电流通路的一切设备的总和。一般由电源、负载及中间环节组成。

（2）用理想的电路元器件代替实际的元器件构成的电路称为电路模型。

（3）电荷的定向移动形成电流。电流的大小用电流强度（简称电流）来表示。电流不仅有大小，还有方向。规定正电荷移动的方向为电流的实际方向。在金属导体中，电流的方向与自由电子运动方向相反。

（4）A、B 间的电压 U_{AB} 在数值上等于电场力把电荷由 A 点移动到 B 点所做的功 W_{AB} 与被移动电荷电荷量 q 的比，即 $U_{AB} = \dfrac{W_{AB}}{q}$。

（5）电荷在电场中某点所具有的电势能与电荷所带电荷量的比称为该点的电位，即 $V_A = \dfrac{W_A}{q}$。

（6）讨论电位时，首先要选取参考点，参考点的电位规定为 0 V，所以又叫零电位点，参考点在电路中通常用符号"⊥"表示。电路中各点的电位是相对于参考点而言的，它的大小与参考点的选择有关，比参考点高的电位为正，反之为负。

（7）规定电压的实际方向由高电位指向低电位，即电位降低的方向。

（8）分析计算电路时，要预先设定电压、电流的参考方向，计算值的正负表明其实际方向与参考方向的关系，为正表明实际方向与参考方向一致，否则相反。

（9）单位时间内电场力所做的功称为电功率，简称功率，即 $P=\dfrac{QU}{t}=UI$。

（10）功率为 P 的用电设备，在 t 时间内所消耗的电能为 $W=Pt$。

（11）日常生活中的电表是用来计量电能的。

（12）输出电压恒定为 U_s 或为一定时间的函数 $U_s(t)$，与流过的电流无关，对负载提供比较稳定的电压，这样的设备称为理想电压源。它是实际电压源的理想模型，实际电压源通常可以用理想电压源和内阻串联的模型表示，它向外电路提供的电压、电流关系为 $U=-IR_s+U_s$。

（13）输出电流恒定为 I_s 或为一定时间的函数 $I_s(t)$，与电流源两端的电压无关，对负载提供比较稳定的电流，这样的设备称为理想电流源。它是实际电流源的理想模型，实际电流源可用理想电流源 I_s 和一个内阻 R_s 并联的电路模型来表示，其电压、电流关系为 $I=I_s-\dfrac{U}{R_s}$ 或 $U=R_sI_s-R_sI$。

（14）电路在工作中一般有空载（开路）、短路和带载三种工作状态。构成电路的各种元器件和电气设备只有在额定值下工作，才最经济合理、安全可靠。

（15）在测量精度要求不高的情况下，可以用万用表进行电压、电流的测量。一般的万用表可以测量直流电压、直流电流、电阻、交流电压等，有的万用表还可以测量音频电平、交流电流、电容、电感以及晶体管的 β 值等。

习　题　二

一、填空题

1. 任何一个完整的电路都必须由_____、_____和_____三个基本部分组成。具有单一电磁特性的电路元器件称为____电路元器件，由它们组成的电路称为_____。电路的作用是对电能进行_____、_____和_____，对电信号进行_____、_____和_____。

2. 反映实际电路器件耗能电磁特性的理想电路元器件是_____元器件；反映实际电路元器件储存磁场能量特性的理想电路元器件是_____元器件；反映实际电路器件储存电场能量特性的理想电路元器件是_____元器件，它们都是无源_____元器件。

3. 电路有_____、_____和_____三种工作状态。当电路中电流 $I=\dfrac{U_s}{R_s}$、端电压 $U=0$ 时，此种状态称为_____，这种情况下电源产生的功率全部消耗在_____上。

4. 从耗能的观点来讲，电阻为_____元件；电感和电容为_____元件。

5. 电路图上标示的电流、电压方向称为_____。

6. 若按某电压参考方向计算出 $U=-12\text{ V}$，则表明其真实方向与参考方向相_____。

7. 1 度电就是 1 kW 的功率做功 1 h 所消耗的电量，所以它的单位又叫_____。

8. 实际电压源的电路模型是_____与电阻的_____组合。

9. 实际电流源的电路模型是_____与电阻的_____组合。

10. 恒定的理想电压源其端电压恒定，而电流决定于_____。

二、判断题

1. 理想电流源输出恒定的电流，其输出端电压由内电阻决定。（　　　）

2. 电阻、电流和电压都是电路中的基本物理量。（　　　）

3. 电压是产生电流的根本原因。因此电路中有电压必有电流。（　　　）

4. 绝缘体两端的电压无论多高，都不可能通过电流。（　　　）

5. 用万用表测量直流电流时，必须先断开电路，将测量电表串联在被测电路中。（　　　）

6. 万用表可以测量电压、电流等物理量。（　　　）

三、选择题

1. 理想电压源的内阻为（　　　）。

    A. 0　　　　　　　　B. ∞　　　　　　　　C. 有限值　　　　　D. 由外电路来确定

2. 理想电流源的内阻为（　　　）。

    A. 0　　　　　　　　B. ∞　　　　　　　　C. 有限值　　　　　D. 由外电路来确定

3. 一个输出电压几乎不变的设备有载运行，当负载增大时，是指（　　　）

    A. 负载电阻增大　　　B. 负载电阻减小　　　C. 电源输出的电流增大

4. 当电流源开路时，该电流源内部（　　　）

    A. 有电流，有功率损耗　　　　　　　　　　B. 无电流，无功率损耗

    C. 有电流，无功率损耗

5. 某电阻元件的额定数据为"$1\,k\Omega$、$2.5\,W$"，正常使用时允许流过的最大电流为（　　　）

    A. $50\,mA$　　　　　　B. $2.5\,mA$　　　　　C. $250\,mA$

四、问答题

1. 叙述电路的定义及其主要组成部分。

2. 电流和电压的方向是如何规定的？在选定了参考方向之后，电压和电流的正负有何意义？

3. 为什么说实际电压源的内阻越小越好，而实际电流源的内阻却越大越好？

4. 一个标有 $3.8\,V$ 的小灯泡，若分别接在 $2\,V$、$4\,V$、$6\,V$ 的电源上，将看到什么现象？

5. 测量直流电压和直流电流时，万用表应如何与待测电路连接？如果接错了会产生什么后果？

6. 怎样用万用表对直流电路的故障进行检测判断？

五、计算题

1. 图 2-29 所示电路中，已知 $U_{ab}=6\,V$，$U=2\,V$，求电阻 R 的值。

2. 如图 2-30 所示电路，求 I、U_{ab}。

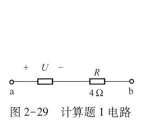

图 2-29　计算题 1 电路

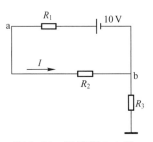

图 2-30　计算题 2 电路

3. 如图 2-31 所示电路，已知电压 $U = 20\,\text{V}$，电阻 $R_1 = 10\,\text{k}\Omega$，在以下三种情况下，分别求电流 I、电压 U_1 和 U_2。

（1）$R_2 = 30\,\text{k}\Omega$；（2）$R_2 = 0$；（3）$R_2 = \infty$。

4. 如图 2-32 所示电路，方框中表示电路元器件。试按照图中标出的电压、电流参考方向及数值计算元器件的功率，并判断元件是吸收功率还是发出功率。

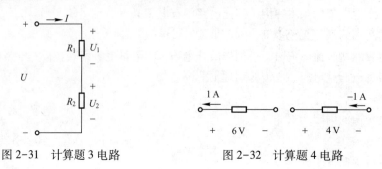

图 2-31　计算题 3 电路　　　　图 2-32　计算题 4 电路

5. 220 V、40 W 的白炽灯显然比 2.5 V、0.3 A 的小灯泡亮得多。试求 40 W 白炽灯的额定电流和小灯泡的额定功率。能不能说功率大的白炽灯亮，所以它的额定电流也大？

6. 某家庭有 90 W 的电冰箱一台，平均每天运行 10 h；60 W 的彩电一台，平均每天工作 3 h；100 W 的洗衣机一台，平均每天运行 1 h；照明及其他电器功率 200 W，平均每天工作 3 h。问每月（按 30 天计算）消耗多少电能。

任务 3

→ 电阻、电感及电容元件检测

电子元器件是构成电子产品的基础，任何一台电子设备都是由具有一定功能的电路、部件，按照一定的工艺结构组成的。电子设备的性能及质量优劣，不仅取决于电路原理设计、结构设计、工艺设计的水平，还取决于能否正确合理地选用电子元器件及原材料。通过本任务的学习，学生可以充分了解形形色色的电阻、电感和电容等电子元器件，学会用万用表对电阻、电感及电容等电子元器件进行检测，有利于今后的学习和工作。

学习目标

（1）掌握电阻串联、并联及混联的作用和特点；

（2）了解电阻、电感及电容元件的分类、主要参数及标注方法；

（3）掌握电阻、电感及电容元件的基本特性；

（4）掌握指针式万用表量程扩大的原理；

（5）学会识别电阻、电感及电容元件；

（6）熟练使用万用表对电阻、电感及电容等电子元器件进行检测；

（7）培养学生阅读科技文献资料的能力和团队协作精神。

任务描述

指针式万用表内部电路主要由电阻、电感、电容和二极管等元器件组成。掌握电阻、电感和电容等元器件的基本特性，学会识别这些电子元器件，并使用万用表对它们进行检测，是识读指针式万用表电路原理图，分析其工作原理，完成指针式万用表的装配与调试任务的基础。

以"电阻、电感及电容元件检测"为学习任务，将电阻、电感及电容元件的分类、主要参数及标注方法、基本特性以及简单电阻电路分析计算等知识点，与万用表的使用，电阻、电感及电容元件的测试，以及常用电子元器件的识别等技能相结合。根据提供的 MF47 型指针式万用表整机装配材料，完成以下任务：

（1）根据电路元器件外形及标注，列出电阻、电感、电容及二极管的规格型号；

（2）选择合适的万用表挡位，测量固定电阻阻值，并与标称值进行比较；

（3）选择合适的万用表挡位，测量各电容元件，对其容量大小进行大致判断；

（4）测量电解电容的漏电阻，判断它的正负极；

（5）检测电感元件的通断情况，并测量电感线圈的电阻值；

*（6）检测二极管的好坏，判断二极管的极性。

相关知识

一、电阻的串联电路

把两个或两个以上的电阻依次连接起来，组成中间没有分支的电路，叫作电阻的串联电路，如图 3-1 所示。

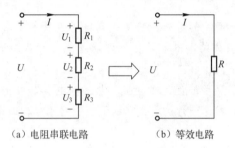

（a）电阻串联电路　　　（b）等效电路

图 3-1　电阻串联电路及其等效电路

（一）电阻串联电路的特点

设电路总电压为 U、电流为 I、总功率为 P。

（1）串联电路中的电流处处相等。

当 n 个电阻串联时，则

$$I_1 = I_2 = \cdots = I_n \tag{3-1}$$

（2）电路的总电阻等于各串联电阻之和。

$$R = R_1 + R_2 + \cdots + R_n \tag{3-2}$$

（3）电路的总电压等于串联电阻上的分电压之和。

$$U = U_1 + U_2 + \cdots + U_n \tag{3-3}$$

（4）各电阻两端的电压与其电阻值成正比，各电阻所消耗的功率与其电阻值成正比。

$$\frac{U_1}{R_1} = \frac{U_2}{R_2} = \cdots = \frac{U_n}{R_n} = \frac{U}{R} = I \tag{3-4}$$

$$\frac{P_1}{R_1} = \frac{P_2}{R_2} = \cdots = \frac{P_n}{R_n} = \frac{P}{R} = I^2 \tag{3-5}$$

如果两个电阻串联，各电阻上分得的电压为

$$U_1 = \frac{R_1}{R_1 + R_2} U, \qquad U_2 = \frac{R_2}{R_1 + R_2} U \tag{3-6}$$

（二）电压表的原理

电压表的表头所能测量的最大电压等于 I_g（满偏电流）与 R_g（表头内阻）的乘积，这一最大电压就是其量程，通常其量程很小。在测量时，通过表头的电流是不能超过 I_g 的，否则将损坏表头。而实际用于测量电压的电压表是由表头和电阻串联起来的，如图 3-2 所示。

流过电路的电流越大，微安表指针的偏角就越大，微安表两端的电压也越大。但这时能测量的电压值很小。为了能测较大的电压，可串联一电阻，分担部分电压，就完成了电压表的改装。

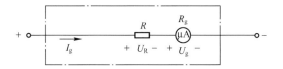

图 3-2 电压表电路组成

【例 3-1】 如图 3-3 所示电路，表头内阻 $R_g = 29.28\ \Omega$，各挡分压电阻分别是 $R_1 = 970.72\ \Omega$，$R_2 = 1.5\ k\Omega$，$R_3 = 2.5\ k\Omega$，$R_4 = 5\ k\Omega$；这个电压表的最大量程为 30 V。试计算表头所允许通过的最大电流值 I_{gm}、表头所能测量的最大电压值 U_{gm} 以及扩展后的各量程的电压值 U_1、U_2、U_3、U_4。

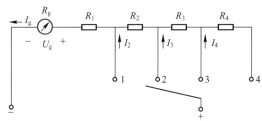

图 3-3 例题 3-1 图

解 当开关在 4 挡时，电压表总电阻 R 为

$$R = R_1 + R_2 + R_3 + R_4 + R_g = 10\ k\Omega$$

通过表头的最大电流

$$I_{gm} = \frac{U_4}{R} = \frac{30\ V}{10\ k\Omega} = 3\ mA$$

当开关在 1 挡时，电压表的量程为

$$U_1 = (R_1 + R_g)I_{gm} = (29.28 + 970.72)\ \Omega \times 3\ mA = 3\ V$$

当开关在 2 挡时，电压表的量程为

$$U_2 = (R_1 + R_2 + R_g)I_{gm} = (29.28 + 1\ 500 + 970.72)\ \Omega \times 3\ mA = 7.5\ V$$

当开关在 3 挡时，电压表的量程为

$$U_3 = (R_1 + R_2 + R_3 + R_g)I_{gm} = (29.28 + 1\ 500 + 2\ 500 + 970.72)\ \Omega \times 3\ mA = 15\ V$$

当开关在 4 挡时，电压表的量程为

$$U_4 = (R_1 + R_2 + R_3 + R_4 + R_g)I_{gm} = (29.28 + 1\ 500 + 2\ 500 + 5\ 000 + 970.72)\ \Omega \times 3\ mA = 30\ V$$

二、电阻的并联电路

把两个或两个以上的电阻一端连在一起，另一端也连接在一起，每个电阻承受的是同一个电压的电路叫作电阻的并联电路，如图 3-4 所示。

（一）电阻并联电路的特点

设总电流为 I、电压为 U、总功率为 P。

（1）电路中每个电阻两端的电压相同。

$$U = U_1 = U_2 = \cdots = U_n \tag{3-7}$$

（2）电阻并联电路总电流等于各支路电流之和。

任务 **3** 电阻、电感及电容元件检测

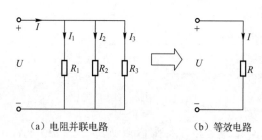

（a）电阻并联电路　　　　　（b）等效电路

图 3-4　电阻并联电路及其等效电路

$$I = I_1 + I_2 + \cdots + I_n \tag{3-8}$$

（3）并联电路总电阻的倒数等于各并联电阻的倒数之和。

$$\frac{1}{R} = \frac{1}{R_1} + \frac{1}{R_2} + \cdots + \frac{1}{R_n} \tag{3-9}$$

（4）电阻并联电路的电流分配和功率分配关系。

$$U = R_1 I_1 = R_2 I_2 = \cdots = R_n I_n = RI \tag{3-10}$$

$$U^2 = R_1 P_1 = R_2 P_2 = \cdots = R_n P_n = RP \tag{3-11}$$

如果两只电阻 R_1、R_2 并联，等效电阻 $R = \dfrac{R_1 R_2}{R_1 + R_2}$，则有分流公式

$$I_1 = \frac{R_2}{R_1 + R_2} I , \qquad I_2 = \frac{R_1}{R_1 + R_2} I \tag{3-12}$$

（二）电流表的原理

由于流过微安表表头的满偏电流 I_g 就是其测量电流的量程，这一量程太小，实际用于测量电流的电流表是利用并联电路的分流原理，在表头上并联一电阻，用以扩大电流表量程，如图 3-5 所示。R_g 为电流表内阻；I 为电流表的量程；R 为分流电阻。

【例 3-2】如图 3-6 电路，表头内阻 $R_g = 1.92\,\Omega$，各分流电阻分别是 $R_1 = 1.6\,\text{k}\Omega$，$R_2 = 960\,\Omega$，$R_3 = 320\,\Omega$，$R_4 = 320\,\Omega$；表头所允许通过的最大电流为 $62.5\,\mu\text{A}$，试求表头所能测量的最大电压值 U_{gm} 以及扩展后的电流表各量程的电流值 I_1、I_2、I_3、I_4。

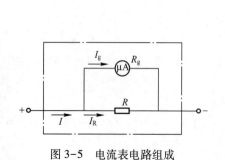

图 3-5　电流表电路组成

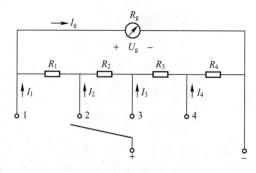

图 3-6　例题 3-2 图

解　表头所允许通过的最大电流为 $62.5\,\mu\text{A}$，当开关在 1 挡时，根据电阻串并联特点可得：

$$I_{gm} = \frac{R_1 + R_2 + R_3 + R_4}{R_g + R_1 + R_2 + R_3 + R_4} I_1$$

则有

$$I_1 = \frac{R_g + R_1 + R_2 + R_3 + R_4}{R_1 + R_2 + R_3 + R_4} I_{gm} = \left(\frac{1\,920 + 1\,600 + 960 + 320 + 320}{1\,600 + 960 + 320 + 320} \times 62.5 \right) \mu A = 100\ \mu A$$

同理可得，当开关在 2 挡时：

$$I_2 = \frac{R_g + R_1 + R_2 + R_3 + R_4}{R_2 + R_3 + R_4} I_{gm} = \left(\frac{1\,920 + 1\,600 + 960 + 320 + 320}{960 + 320 + 320} \times 62.5 \right) \mu A = 200\ \mu A$$

当开关在 3 挡时：

$$I_3 = \frac{R_g + R_1 + R_2 + R_3 + R_4}{R_3 + R_4} I_{gm} = \left(\frac{1\,920 + 1\,600 + 960 + 320 + 320}{320 + 320} \times 62.5 \right) \mu A = 500\ \mu A$$

当开关在 4 挡时：

$$I_4 = \frac{R_g + R_1 + R_2 + R_3 + R_4}{R_4} I_{gm} = \left(\frac{1\,920 + 1\,600 + 960 + 320 + 320}{320} \times 62.5 \right) \mu A = 1\,000\ \mu A$$

三、电阻的混联电路

（一）电阻的混联电路概念

既有电阻的串联关系又有电阻的并联关系，称为电阻混联电路。

（二）简单混联电路的计算

对混联电路的分析和计算大体上可分为以下几个步骤：

（1）首先整理清楚电路中电阻串、并联关系，必要时重新画出串、并联关系明确的电路图；

（2）利用串、并联等效电阻公式计算出电路中总的等效电阻；

（3）利用已知条件进行计算，确定电路的总电压与总电流；

（4）根据电阻分压关系和分流关系，逐步推算出各支路的电流或电压。

【例 3-3】 如图 3-7 所示，已知 $R_1 = R_2 = 8\ \Omega$，$R_3 = R_4 = 6\ \Omega$，$R_5 = R_6 = 4\ \Omega$，$R_7 = R_8 = 24\ \Omega$，$R_9 = 16\ \Omega$；电压 $U = 224\ V$。试求：

（1）电路总的等效电阻 R_{AB} 与总电流 I_Σ；

（2）电阻 R_9 两端的电压 U_9 与通过它的电流 I_9。

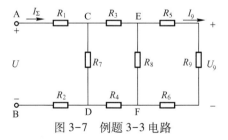

图 3-7 例题 3-3 电路

解 （1）R_5、R_6、R_9 三者串联后，再与 R_8 并联，E、F 两端等效电阻为

$$R_{EF} = (R_5 + R_6 + R_9)//R_8 = 24\ \Omega //24\ \Omega = 12\ \Omega$$

R_{EF}、R_3、R_4 三者电阻串联后，再与 R_7 并联，C、D 两端等效电阻为

$$R_{CD} = (R_3 + R_{EF} + R_4)//R_7 = 24\ \Omega //24\ \Omega = 12\ \Omega$$

等效电阻为

$$R_{AB} = R_1 + R_{CD} + R_2 = 28\ \Omega$$

总电流为

$$I_{\Sigma} = \frac{U}{R_{AB}} = \frac{224\ V}{28\ \Omega} = 8\ A$$

（2）利用分压关系求各部分电压

$$U_{CD} = R_{CD} I_{\Sigma} = 96\ V$$

$$U_{EF} = \frac{R_{EF}}{R_3 + R_{EF} + R_4} U_{CD} = \left(\frac{12}{24} \times 96\right)\ V = 48\ V$$

$$I_9 = \frac{U_{EF}}{R_5 + R_6 + R_9} = 2\ A,\ U_9 = R_9 I_9 = 32\ V$$

四、电阻元件的检测

（一）电阻元件

1. 电阻元件

电阻（resistor）是电路中最基本的元件，它代表电路中消耗电能这一物理现象的理想二端元件。

电阻的单位是欧［姆］（Ω），比较大的单位有千欧（$k\Omega$）、兆欧（$M\Omega$）。它们的换算关系是

$$1\ M\Omega = 1\ 000\ 000\ \Omega$$

$$1\ k\Omega = 1\ 000\ \Omega$$

2. 电导

电阻的倒数称为电导，用 G 表示，量纲为西［门子］（S），即

$$G = \frac{1}{R}$$

3. 电阻元件的伏安特性

线性电阻元件的伏安特性曲线（$U = IR$）在直角坐标系中是一条过原点的直线。其图形符号及伏安特性曲线如图 3-8 所示。

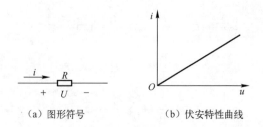

（a）图形符号　　　　（b）伏安特性曲线

图 3-8　电阻元件的图形符号及线性电阻伏安特性

（二）电阻器的检测

1. 电阻器的分类

按照制造电阻的材料分为碳膜电阻器、金属膜电阻器、线绕电阻器、水泥电阻器等（见图 3-9）；按照电阻器的阻值是否变化分为固定电阻器、微调电阻器、电位器等；按照电

阻器的用途分为普通电阻器、熔断电阻器（保险电阻器）、压敏电阻器、热敏电阻器、光敏电阻器等。

固定电阻器简称电阻，是电子电器设备中用得最多的基本元件之一，一般占元器件总数的30%以上，在电路中主要起分流、限流、分压、偏置、损耗功率等作用。

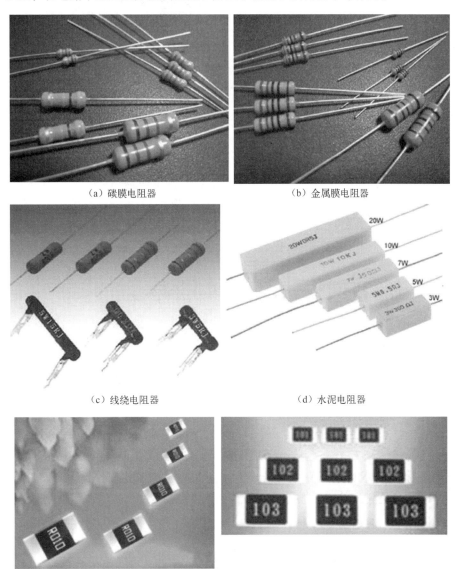

（a）碳膜电阻器　　　　　　　　　（b）金属膜电阻器

（c）线绕电阻器　　　　　　　　　（d）水泥电阻器

（e）贴片电阻器

图3-9　常用电阻器的外形

2. 电阻器的主要参数

电阻器的主要参数有标称阻值、阻值误差、额定功率、最高工作温度、最高工作电压、静噪声电动势、温度特性、高频特性等，在电路图中一般直接给出。

1）标称阻值

电阻体表面上标注的电阻值，称为标称阻值，简称阻值。

为了使厂家生产时不致规格太多，又可以让使用者在一定的允许误差范围内选用需要的电阻值，故规定标称阻值系列。常见的标称阻值有 E6、E12 及 E24 系列，见表 3-1 所示。

表 3-1　普通电阻标称阻值系列

系　列	偏　　差	标称阻值系列
E24	Ⅰ，±5%	1.0、1.1、1.2、1.3、1.5、1.6、1.8、2.0、2.2、2.4、2.7、3.0、3.3、3.6、3.9、4.3、4.7、5.1、5.6、6.2、6.8、7.5、8.2、9.1
E12	Ⅱ，±10%	1.0、1.2、1.5、1.8、2.2、2.7、3.3、3.9、4.7、5.6、6.8、8.2
E6	Ⅲ，±20%	1.0、1.5、2.2、3.3、4.7、6.8

2）额定功率

电阻在电路中长时间连续工作而不损坏，或不显著改变其性能所允许消耗的最大功率，称为电阻的额定功率。

常用电阻的功率有(1/8) W、(1/4) W、(1/2) W、1 W 、2 W 、5 W、10 W 等。电路图中对电阻功率的要求，有的直接标出数值，也有的用符号表示，如图 3-10 所示。

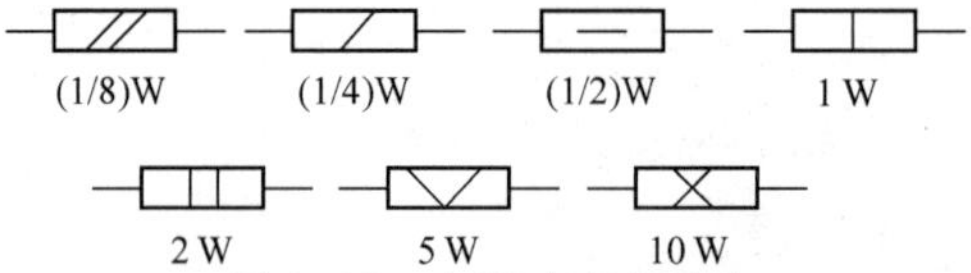
(1/8)W
(1/4)W
(1/2)W
1 W
2 W
5 W
10 W

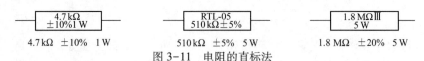

图 3-10　电阻功率表示法

在电路图中，如果电阻器无功率标识，表示是功率要求较小的电阻器，一般选用 1/8 W 的电阻器即可。

3）阻值误差

电阻的实际阻值和标称阻值的偏差，除以标称阻值所得的百分数，叫作电阻的误差。表 3-2 是常用电阻允许误差的等级。

表 3-2　常用电阻允许误差的等级

允许误差	±0.5%	±1%	±2%	±5%	±10%	±20%
级别	005	01	02	Ⅰ	Ⅱ	Ⅲ

3. 电阻器参数标注方法

1）直标法

直标法即用阿拉伯数字和单位符号在电阻器表面直接标出标称阻值和技术参数，电阻值单位欧姆用“Ω”表示，千欧用“kΩ”表示，兆欧用“MΩ”表示，吉欧用“GΩ”表示，允许偏差直接用百分数或用Ⅰ（±5%）、Ⅱ（±10%）、Ⅲ（±20%）表示，如图 3-11 所示。

4.7 kΩ
±10%1 W
4.7 kΩ ±10% 1 W
RTL-05
510 kΩ±5%
510 kΩ ±5% 5 W
1.8 MΩⅢ
5 W
1.8 MΩ ±20% 5 W

图 3-11　电阻的直标法

2）文字符号法

文字符号法即用数字和文字符号两者有规律的组合来标称阻值，其允许偏差也用文字符号表示，如图 3-12 所示。

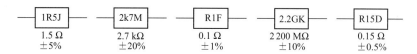

图 3-12　电阻标注的文字符号法

表示阻值允许误差的文字符号如表 3-3 所示。

表 3-3　阻值允许误差的文字符号表示法

标志符号	允许误差/%	标志符号	允许误差/%	标志符号	允许误差/%	标志符号	允许误差/%
E	±0.001	U	±0.02	D	±0.5	K	±10
X	±0.002	W	±0.05	F	±1	M	±20
Y	±0.005	B	±0.1	G	±2	N	±30
H	±0.01	C	±0.2	J	±5		

3）色标法

色标法即用不同颜色的带（环）或点在电阻器表面标出标称阻值和允许偏差。色环电阻器色标符号规定见表 3-4 所示。

表 3-4　色环电阻器色标符号规定

颜　　色	有 效 数 字	倍　　率	允许偏差/%
黑	0	10^0	
棕	1	10^1	±1
红	2	10^2	±2
橙	3	10^3	
黄	4	10^4	
绿	5	10^5	±0.5
蓝	6	10^6	±0.25
紫	7	10^7	±0.1
灰	8	10^8	
白	9	10^9	
金		10^{-1}	±5
银		10^{-2}	±10
无色			±20

① 四色环电阻器：普通电阻用四条色带表示标称阻值和允许偏差，其中前三条表示阻值，第四条表示偏差，第一、二条色带表示有效数字，第三条色带表示倍率（10 的乘方数），第四条色带表示允许偏差，如图 3-13 所示。

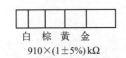

白 棕 黄 金

910×(1±5%)kΩ

棕 绿 黑 银

15×(1±10%)Ω

图 3-13　四色环电阻器

② 五色环电阻器：精密电阻用五条色带表示标称阻值和允许偏差，其中前四条表示阻值，第五条表示偏差，第一、二、三条色带表示有效数字，第四条色带表示倍率（10 的乘方数），第五条色带表示允许偏差，如图 3-14 所示。

黄 橙 红 蓝 绿 　　　 棕 蓝 绿 黑 棕

432×(1±0.5%)MΩ 　　　 165×(1±1%)Ω

图 3-14　五色环电阻器

色环电阻第一色带（环）的确定方法：

① 金银环只能表示偏差环，不能作为第一环；

② 橙、黄、灰只能表示第一环；

③ 第一环一般距电阻体端部较近，偏差环一般离电阻体端部较远。

4）数码表示法

数码表示法即在电阻体的表面用三位（或四位）阿拉伯数字表示，前两位（或三位）表示阻值的有效数，第三位（或四位）数字表示有效数后面零的个数。当阻值小于 10 时，以 xRx（或 xxR 表示（x 代表数字），将 R 看作小数点。以下分别举例说明。

① 三位数字标注法：标注为 "103" 的电阻其阻值为 $10×10^3 \ \Omega = 10 \ k\Omega$ 。

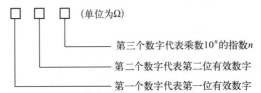

（单位为Ω）

第三个数字代表乘数10^n的指数n

第二个数字代表第二位有效数字

第一个数字代表第一位有效数字

② 四位数字标注法：标注为 5232 的电阻其阻值为 $523×10^2 \ \Omega = 52.3 \ k\Omega$。

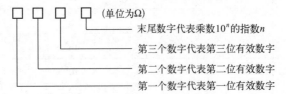

（单位为Ω）

末尾数字代表乘数10^n的指数n

第三个数字代表第三位有效数字

第二个数字代表第二位有效数字

第一个数字代表第一位有效数字

③ 二位数字中间加 R 标注法：标注为 9R1 的电阻其阻值为 $9.1 \ \Omega$。

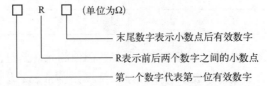

R　　（单位为Ω）

末尾数字表示小数点后有效数字

R表示前后两个数字之间的小数点

第一个数字代表第一位有效数字

④ 二位数字后加 R 标注法：标注为 "51R" 的电阻其电阻值为 $5.1 \ \Omega$。

□ □ R （单位为Ω）

字母R表示两位数字之间的小数点

第二个数字代表第二位有效数字

第一个数字代表第一位有效数字

4. 电阻器的检测

电阻的检测，主要看其实际阻值与标称阻值是否相符。

1）外观检查

通过目测，看是否存在引线松动、折断或电阻体烧坏等外观故障。

2）用万用表测量阻值

用万用表合适的电阻挡位测量电阻器实际阻值，若与标称值相差很大，甚至为无穷大，说明该电阻器出现开路或膜层脱落、烧断等故障；若远小于标称值，甚至为零，说明该电阻器已发生短路故障；若与标称值基本一致，误差在5%或10%以内，说明该电阻是良好的。测量光敏、热敏、可变电阻器时，在光照有无或温度变化、滑动臂旋转时，所测阻值也应该平稳变化，否则，说明该类电阻器性能不良。具体操作步骤如下：

① 选择适当倍率挡：测量某一电阻器的阻值时，要依据电阻器的阻值正确选择倍率挡（见图3-15）。按万用表使用方法规定，万用表指针应在该度的中心部分读数才较准确。一般地，几欧至几十欧时，可选用 $R \times 1$ 挡；几十欧至几百欧时，可选用 $R \times 10$ 挡；几百欧至几千欧时，可选用 $R \times 100$ 挡；几千欧至几十千欧时，可选用 $R \times 1$ k 挡；几十千欧以上时，可选用 $R \times 10$ k 挡。测量时电阻器的阻值是万用表上刻度的数值与倍率的乘积。

② 电阻挡调零：在测量电阻之前必须进行电阻挡调零（见图3-16）。挡位旋钮置于电阻挡，将红、黑测试笔短接。旋转调零电位器，使指针指向零。在测量电阻时，每更换一次倍率挡后，都必须重新调零。

图3-15　万用表挡位选择

图3-16　万用表欧姆调零

③ 测量电阻：将两表笔分别与电阻的两端引脚相接即可测出实际电阻值（图3-17）。测量时，待表针停稳后读取读数，然后乘以倍率，就是所测的电阻值。

测量电阻器时，要注意不能用手同时捏着表笔和电阻器两引出端，以免人体电阻影响测量的准确性。

图 3-17 电阻的测量

五、电容元件的检测

（一）电容元件

电容器是电路的基本元件之一，它是由两片接近并相互绝缘的导体制成的电极组成的储存电荷和电能的器件。任何两个彼此绝缘且相隔很近的导体（包括导线）间都构成一个电容器。在电子电路中，电容器常用来实现滤波、耦合、振荡、旁路、相移及波形变换等功能。

1. 电容器的充放电特性

当电容器接通电源以后，在电场力的作用下，连接在电源正极的极板上的自由电子将经过电源移到与电源负极相接的极板上，正极板由于失去负电荷而带正电，负极板由于获得负电荷而带负电，两个极板就分别带上了等量的异种电荷，这一过程称为电容器充电；通过导线把电容器的两个极板连接，电容器正负极板电荷将中和，这一过程称为电容器放电。

2. 电容元件

电容元件是代表电路中储存电荷能力这一物理现象的理想二端元件。用电容量（C）这个物理量来表征其能力。电容量的基本单位为法［拉］（F）。在实际应用中，电容器的电容量往往比 1 法拉小得多，常用较小的单位，如微法（μF）、皮法（pF）等，它们的关系是：

$$1\ F = 1\ 000\ 000\ \mu F$$

$$1\ \mu F = 1\ 000\ 000\ pF$$

3. 电容元件的特性

当电容元件两端电压和通过电容元件的电流在关联参考方向下，有

$$i = C\frac{\mathrm{d}u}{\mathrm{d}t} \tag{3-13}$$

式中：i——电容器的充放电电流；

C——电容器的容量；

$\dfrac{\mathrm{d}u}{\mathrm{d}t}$——电容器两极的电压变化率。

从式（3-13）可看出，在直流电路中电容器相当于断路。图 3-18 所示为电容元件的图形符号。

| （a）线性电容 | （b）电解电容 |

图 3-18　电容元件图形符号

（二）电容器的检测

1. 电容器的分类

电容器种类繁多，按照结构分为固定电容器、可变电容器和半可变电容器（微调电容器）；按照绝缘介质分为空气介质电容器、云母电容器、瓷介电容器、涤纶电容器、聚苯乙烯电容器、金属化纸介电容器、电解电容器、玻璃釉电容器、独石电容器等。一些电容器的外形如图 3-19 所示。

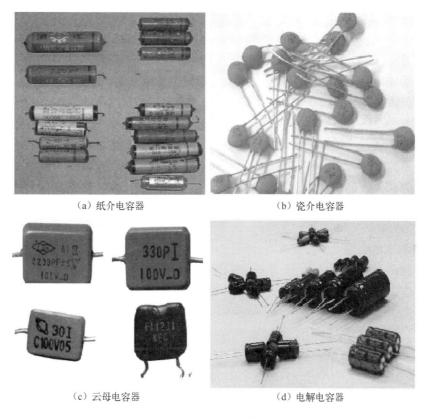

| （a）纸介电容器 | （b）瓷介电容器 |
| （c）云母电容器 | （d）电解电容器 |

图 3-19　电容器外形

2. 电容器的主要参数

1）标称容量及允许偏差

电容器的外壳上标出的容量值称为电容器的标称容量。常用的标称容量系列是 $E6$、$E12$、$E24$，其设置方式如同电阻器，这里不再累述。

允许误差等级：指电容器的标称容量与实际电容量的最大允许偏差范围。常用固定电容允许误差的等级如表 3-5 所示。

表 3-5　常用固定电容允许误差的等级

允 许 误 差	级　　别
±2%	02
±5%	I
±10%	II
±20%	III
±(20%～30%)	IV
±(20%～50%)	V
±(10%～100%)	VI

有时用字母表示电容器误差，其标志符号：0 ～ 100%——H；10% ～ 100%——R；10% ～ 50%——T；10% ～ 30%——Q；20% ～ 50%——S；20% ～ 80%——Z。

2）电容器的额定电压

额定电压指在允许环境温度范围内，电容器长期安全工作所能承受的最大电压有效值。这是一个重要参数，如果电容器的工作电压大于额定电压时，电容器将被击穿。

常用固定式电容的直流工作电压系列为 6.3 V、10 V、16 V、25 V、40 V、63 V、100 V、160 V、250 V、400 V、500 V、630 V、1 000 V。

3）电容器的绝缘电阻及漏电流

当电容器加上直流工作电压时，电容介质总会导电使电容器有漏电流产生。若漏电流太大，电容器就会发热损坏。除了电解电容外，一般电容只要质量良好，其漏电流极小。故用绝缘电阻参数来表示绝缘性能；而电解电容因漏电较大，故用漏电流来表示其绝缘性能。

3. 电容器规格标注

1）直标法

直标法就是用数字和单位符号直接标出，如图 3-20 所示。

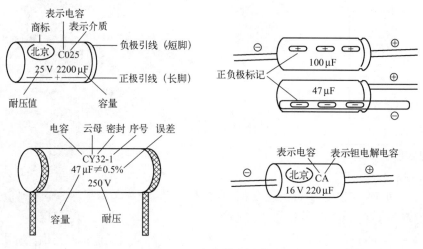

图 3-20　电容器直标法

2）不标单位的直接表示法

不用单位表示时，电解电容器的单位应为微法（μF）；非电解电容器若是 10 的整数倍表示，其单位为皮法（pF），若用小数表示，其单位为微法（μF），如图 3-21 所示。

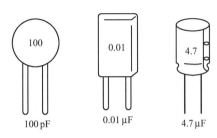

图 3-21　不标单位的直接表示法

3）文字符号法

用数字和文字符号有规律的组合来表示容量，标称容量的整数部分在容量单位标志符号的前面，小数部分在容量单位标志符号的后面，如图 3-22 所示。

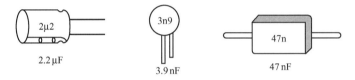

图 3-22　电容器标注的文字符号法

4）色标法

色标法是用色环或色点表示电容器的主要参数。这种表示法与电阻器的色环表示法类似，颜色涂于电容器的一端或从顶端向引线侧排列。色码一般只有三种颜色，前两环为有效数字（即基数），第三环为倍率，单位为 pF。三条色带的识别见表 3-6 所示。

表 3-6　三条色带的对应关系

颜　　色	黑	棕	红	橙	黄	绿	蓝	紫	灰	白
颜色对应的数字	0	1	2	3	4	5	6	7	8	9
第一条色带（基数）	0	1	2	3	4	5	6	7	8	9
第二条色带（基数）	0	1	2	3	4	5	6	7	8	9
第三条色带（倍乘）	10^0	10^1	10^2	10^3	10^4	10^5	10^6	10^7	10^8	10^9

例如：一个电容器，其标注的色带按规则数依次为绿、棕、红色，该电容器的容量则为 $51 \times 10^2 \text{pF} = 5\ 100 \text{pF}$。

5）数码表示法

一般用三位数字来表示容量的大小，单位为 pF。其中前两位为有效数字，后一位表示倍率，即乘以 10^i，i 为第三位数字，若第三位数字 9，则乘 10^{-1}，如图 3-23 所示。

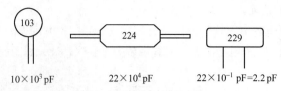

图3-23　电容器的数码表示法

4. 普通电容器的检测

用普通的指针式万用表能够判断电容器的质量、电解电容器的极性，并能够定性比较电解电容器的容量大小。

1）外观检查

通过目测，看其外表是否完好无损，表面无裂口、污垢和腐蚀，标志清晰，引出电极无折伤等。

2）无极性电容检测

① 检测 10 pF 以下的小电容。因 10 pF 以下的电容太小，用指针万用表进行测量，只能定性地检查其是否有漏电、内部短路或击穿现象。测量时，可选用万用表 $R×10$ k 挡，用两表笔分别任意接电容的两个引脚，阻值应为无穷大。若测出阻值或阻值为零，则说明电容漏电损坏或内部击穿。

② 检测 10 pF ～ 0.01 μF 的电容。用指针式万用表 $R×10$ k 挡只能测试电容有无短路漏电现象，而不能方便检测出是否有充电现象，进而判断其好坏。

③ 检测 0.01 μF 以上电容。对于 0.01 μF 以上电容，可用万用表 $R×1$ k 挡直接测试电容器有无充电过程以及内部短路或漏电，并可根据指针向右摆动的幅度大小估计出电容器的容量。测试操作时，先用两表笔任意触碰电容的两引脚，然后调换表笔触碰一次，如果电容是好的，指针应向右摆动，然后向左迅速回到始端，这就是电容的充放电现象。如果反复调换表笔触碰电容两引脚，万用表指针始终不向右摆动，说明电容器内部开路或已失效。如果指针指到零点，说明电容器内部短路。

3）电解电容的检测

电解电容的容量较一般固定电容大得多，测量时，针对不同容量选用合适的量程。一般地，测量 1 ～ 47 μF 电容器，可选 $R×1$ k 挡测量，大于 47 μF 的电容器，可选 $R×100$ 挡测量。测量前应让电容充分放电，即将电解电容的两根引脚短路，把电容内的残余电荷释放掉。

① 测量漏电阻。将万用表红表笔接电解电容的负极，黑表笔接电解电容的正极，在刚接触的瞬间，万用表指针即向右偏转较大幅度（对于同一电阻挡，容量越大，摆幅越大），接着逐渐向左回转，直到停在某一位置，此时的阻值便是电解电容的正向漏电阻。此值越大，说明漏电流越小，电容性能越好。然后将红黑表笔对换测试，此时的阻值便是电解电容的反向漏电阻。正向漏电阻略大于反向漏电阻。实际使用经验表明，电解电容的漏电阻一般应在几百千欧以上，否则，将不能正常工作。在测试中，若正向、反向均无充电的现象，即表针不动，则说明容量消失或内部断路；如果所测阻值很小或为零，说明电容漏电大或已击穿损坏，不能再使用。

② 极性判别。电解电容的正极接电源正极，负端接电源负极时，电解电容的漏电流才小（漏电阻大）。反之，则电解电容的漏电流增加（漏电阻减小）。利用这一特点，电容充分放电

后，交换万用表的两个表笔，前后两次测量漏电电阻，测出电阻大的那一次，黑表笔接触的是电容器的正极。图3-24为电容器放电及漏电阻测量。

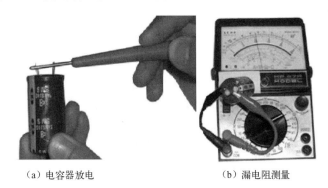

（a）电容器放电　　　　　　　　　　（b）漏电阻测量

图3-24　电容器放电及漏电阻测量

六、电感元件的检测

在电路中，当线圈通以电流i，线圈中就会产生磁通量Φ，并储存能量。当流过线圈的电流i发生变化时，能在线圈中感应出电动势，这种性质称为电感。利用这种感应原理，电感线圈在电路中发挥了许多作用。在电路中主要用于耦合、滤波、缓冲、反馈、阻抗匹配、振荡、定时、移相等。

电感线圈是一种储能元件，它以磁的形式储存能量。

（一）电感元件

电感元件是电路中存储磁场能量的理想二端元件，电感元件的原始模型为导线绕成圆柱线圈。表征电感元件（简称电感）产生磁通，存储磁场能力的参数，称为电感，用L表示，单位有亨利（H）、毫亨利（mH）、微亨利（μH），它们的关系是

$$1\ H = 1\ 000\ mH$$

$$1\ mH = 1\ 000\ μH$$

（二）电感元件的特性

当线性电感元件两端电压和通过它的电流在关联参考方向下时，其特征方程为

$$u = L\frac{\mathrm{d}i}{\mathrm{d}t} \tag{3-14}$$

式中：u——电感线圈两端电压；

L——电感线圈的电感量；

$\dfrac{\mathrm{d}u}{\mathrm{d}t}$——流过电感线圈的电流变化率。

从式（3-14）可看出，在直流电路中电感相当于短路。图3-25所示为电感元件的图形符号。

（a）空芯电感元件　　　　　　（b）铁芯电感元件

图3-25　电感元件图形符号

（三）电感器的检测

1. 电感线圈的分类

按电感形式分为固定电感、可调电感；按导磁体性质分为空芯线圈、铁氧体线圈、铁芯线圈、铜芯线圈；按工作性质分为天线线圈、振荡线圈、扼流线圈、陷波线圈、偏转线圈、按线绕结构分为单层线圈、多层线圈、蜂房式线圈。电感器外形如图 3-26 所示。

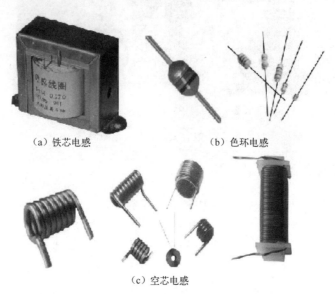

（a）铁芯电感　　　　　　　　　（b）色环电感

（c）空芯电感

图 3-26　电感器外形

2. 电感线圈的主要参数

电感器的主要参数有电感量 L 和品质因素 Q 两个，其中电感量 L 是表示线圈本身固有特性的参数。品质因数是指线圈在某一频率的交流电压下工作时所呈现的感抗与线圈的总损耗电阻的比值，表示线圈质量的一个参数，用 Q 表示。Q 值越大，表明电感线圈的功率损耗越小，效率越高；反之则功率损耗越大，效率越低。

3. 电感的规格标注

1）直标法

直标法即将电感量直接标在电感体上，如图 3-27 所示。

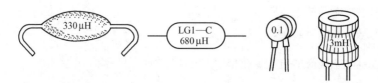

图 3-27　电感量直标法

2）色标法

色标法即在电感表面涂上不同的色环来代表电感量（与电阻类似），通常用三个或四个色环表示。识别色环时，紧靠电感体一端的色环为第一环，露出电感体本色较多的另一端为末环，默认单位为微亨（μH），如图 3-28 所示。

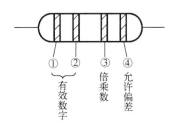

图 3-28　电感标注的色标法

3）数码表示法

数码表示法即用三位数字来表示电感量的方法，常用于贴片电感，如图 3-29 所示。

图 3-29　电感量数码法

三位数字中，从左至右的第一、第二位为有效数字，第三位数字表示有效数字后面所加"0"的个数，默认单位为微亨（μH）。如果电感量中有小数点，则用"R"表示，并占一位有效数字。例如，标示为"330"的电感为 33×10^0 μH＝33 μH。

4. 普通电感器的检测

1）外观检查

观察电感器引脚有无断线、开路、生锈，线圈有无松动、发霉、烧焦等现象，带有磁心的电感线圈还要看磁心有无松动和破损。

2）万用表检测通断情况

用万用表的欧姆挡测线圈的直流电阻。电感的直流电阻值一般很小，匝数多、线径细的线圈能达几十欧；对于有抽头的线圈，各引脚之间的阻值均很小，仅有几欧姆左右。若用万用表 $R \times 1\,\Omega$ 挡测线圈的直流电阻，阻值无穷大说明线圈（或与引出线间）已经开路损坏；阻值比正常值小很多，则说明有局部短路；阻值为零，说明线圈完全短路。

任务实施

一、任务分析

本任务要求将 MF47 型指针式万用表整机装配材料中的元器件，根据其外形及标注进行分类，选择合适的万用表挡位，测量固定电阻阻值、电容元件容量大小判断、电解电容漏电阻的测量以及极性的判断、电感元件的通断情况判断、电感线圈的电阻值测量、二极管的好坏及极性判断，设计合适的表格记录检测数据。

在任务实施之前，应做好以下准备工作：

（1）以团队形式合作实施任务，每队确定组长人选，并由组长对团队成员进行分工；

（2）明晰任务要求，列出实施任务用到的器材、工具、辅助设备等；

（3）编制任务实施方案，包括元器件的识别与检测方案等；

（4）分析讨论任务实施过程中的注意事项；

（5）将以上分析结果填入表3-7。

表3-7　任务实施方案表

任务编号	任务名称	小组编号	组长	组员及分工
器材、工具及辅助设备				
任务实施方案	元器件的识别			
	电阻检测			
	电容检测			
	电解电容漏电阻检测			
	电感元件检测			
	二极管检测			
注意事项				

二、完成任务

（1）根据电路元器件外形识别元器件，将结果填入表3-8。

表3-8　元件类型与数量

元器件名称	规 格 型 号	数　　量

（2）根据元器件检测方案测量电阻，并将测量数据填入表3-9，同时计算出相对误差。

表3-9　电阻元件测试结果

规 格 型 号	标 称 阻 值	万用表挡位	测 量 阻 值	相 对 误 差

（3）根据元器件检测方案测量电解电容，并将测量数据填入表 3-10，同时判断电容元件的好坏。

表 3-10　电容元件测试结果

规 格 型 号	标 称 容 量	万用表挡位	正向漏电阻	反向漏电阻	好 坏 判 断

（4）根据元器件检测方案测量电感元件，并将测量数据填入表 3-11，同时判断电感元件的好坏。

表 3-11　电感元件测试结果

规 格 型 号	万用表挡位	线圈电阻	好 坏 判 断

＊（5）根据元器件检测方案对二极管的极性进行判断，并简述判断原理。

（6）填写表 3-12，完成评价考核。

考核评价

　　根据任务完成情况及评价项目，学生进行自评。同时组长负责组织成员讨论，给小组每位成员进行评价。结合教师评价、小组评价及自我评价，完成评价考核环节。考核评价表如表 3-12 所示。

表 3-12 考核评价表

任务编号及名称					
班级		小组编号		姓名	
小组成员	组长	组员	组员	组员	组员
自我评价	评价项目	标准分	评价分	主要问题	
	任务要求认知程度	10			
	相关知识掌握程度	15			
	专业知识应用程度	15			
	信息收集处理能力	10			
	动手操作能力	20			
	数据分析处理能力	10			
	团队合作能力	10			
	沟通表达能力	10			
	合计评分				
小组评价	专业展示能力	20			
	团队合作能力	20			
	沟通表达能力	20			
	创新能力	20			
	应急情况处理能力	20			
	合计评分				
教师评价					
总评分					
备注	总评分=教师评价（50%）+小组评价（30%）+自我评价（20%）				

 知识拓展

二极管的检测

1. 二极管

半导体二极管是由 PN 结加上相应的电极引线，再用管壳封装做成的。普通二极管在电路中常用字母"D"或"VD"表示，其图形符号如图 3-30 所示。

图 3-30 二极管图形符号

二极管具有单向导电性，即通过二极管的电流只能从正极（阳极）流向负极（阴极），也就是说正向导通，反向截止。这一特性可用伏安特性曲线表示。二极管的伏安特性曲线如图 3-31 所示。

方向不断变化的交流电流向二极管时，只有一个方向的电流能通过，将交流电转变（整流）成脉动直流电，这种功能称为整流，具有该功能的二极管称为整流二极管，其外形如图 3-32 所示。

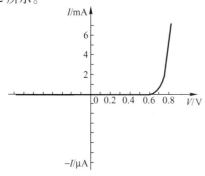

图 3-31　二极管伏安特性曲线

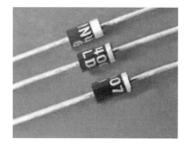

图 3-32　整流二极管外形

2. 二极管极性判断

用万用表的欧姆挡判断二极管的极性。将万用表置于 $R×100$ 或者 $R×1$ k 挡，先用红、黑表笔任意测量二极管两引脚间的电阻值，然后交替表笔再测量一次（见图 3-33）。如果二极管良好，两次测量结果必定出现一大一小。以阻值较小的一次测量为例，黑表笔所接的一端为正极，红表笔所接的一端则为负极。

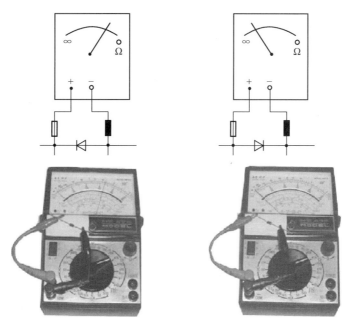

图 3-33　二极管极性判断

3. 用万用表判断二极管极性的原理

用万用表判断二极管极性，相当于利用万用表测量二极管的正向电阻和反向电阻。由于万用表测量电阻时，其内部必须提供电源，一般是内置电池。而指针式万用表的电池的正极与黑表笔相连，这时黑表笔相当于电池的正极；红表笔与电池的负极相连，相当于电池的负极。因此当二极管的正极与黑表笔连通，负极与红表笔连通时，二极管两端被加上了正向电压，二极管导通，显示阻值很小。

4. 色码标识与习惯标识

如前所述，色码可以用来标识电阻电容元件的标称值。除此外，色码还可用来表示元器件的某项参数，原国家标准规定，用色点标在半导体晶体管的顶部，表示共发射直流放大倍数 β 或 hFE 的分档，其意义见表 3-13。

表 3-13 三极管色点标记

色点	棕	红	橙	黄	绿	蓝	紫	灰	白	黑
放大倍数	0～15	15～25	25～40	40～55	55～80	80～120	120～180	180～270	270～400	>400

色环和色点还常用来表示电子元器件的极性。例如，电解电容器上标有白色箭头的一极是负极；玻璃封装二极管上标有黑色环的一端、塑料封装二极管上标有白色环的一端为负极（阴极）。

小　　结

（1）串联电路电流处处相等，电路总电压为各串联电阻电压之和，而且各电阻两端的电压与其阻值成正比。

（2）并联电路各电阻两端电压相同，通过并联电路的总电流等于各并联支路电流之和，而且通过各支路电流与支路电阻成反比。

（3）电阻元件的电流、电压关系用图形方式表示可描述电阻参数。当电阻的电流、电压特性是一条过坐标原点的直线时，该电阻为线性电阻，否则为非线性电阻。

（4）电阻器的主要参数有标称电阻值、允许误差和额定功率等。

（5）电阻器参数标注方法有直标法、色标法。

（6）电阻器的阻值可以用万用表进行检测，在检测前注意调零和选择适当的倍乘挡。

（7）电容元件类型很多，其中电解电容使用时应注意其正负极性。电容具有"隔直流，通交流"的特性。

（8）电容器的主要参数有额定电压、绝缘电阻及漏电流等。

（9）电容器参数标注方法有直标法、文字符号发、色标法和数码表示法。

（10）电容器的好坏以及电解电容的正负极性可以用万用表进行判别，万用表使用前注意选择适当的挡位。

（11）电感元件具有"通直阻交"特性，可以用万用表对电感线圈进行好坏判别。

习　题　三

一、填空题

1. 有两个电阻 R_1 和 R_2，已知 $R_1 = 2R_2$，把它们并联起来总电阻为 $4\,\Omega$，则 $R_1 =$ _____，$R_2 =$ _____。

2. 把 4 个阻值都是 $20\,\Omega$ 的电阻进行组合连接，要求 4 个电阻全部用上，可以得到不同的等效电阻 _____ 种，它们的阻值分别是 _____。

3. 把 $4\,\Omega$ 和 $8\,\Omega$ 的电阻串联，接到 $12\,V$ 电源上，电阻两端的电压分别是 _____、_____，消耗的功率分别是 _____、_____；若把这两个电阻改为并联连接，流过电阻的电流分别是 _____、_____，消耗的功率分别是 _____、_____。

4. 图 3-34 所示电路中，$I=$ _____，$U=$ _____。

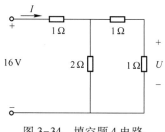

图 3-34　填空题 4 电路

5. 一只电阻上标有 5k9 字样，该电阻标称值为 _____。

6. 电容元件是代表电路中 _____ 这一物理现象的理想二端元件。

7. 电容元件的主要参数有 _____。

8. 电容的规格标注方法有 _____。

9. 电感元件是代表电路中 _____ 这一物理现象的理想二端元件。

10. 电感线圈的主要参数有 _____。

11. 电感的规格标注方法有 _____。

二、判断题

1. 电容元件在直流电路中可视为开路。（　　）

2. 电感元件在直流电路中可视为短路。（　　）

3. 万用表不能判断电解电容的极性。（　　）

4. 模拟万用表和数字万用表红黑表笔与其内部电池极性连接是一样的。（　　）

5. 电阻串联时，各个电阻的电压与其阻值成反比。（　　）

6. 电阻并联时，通过各个电阻的电流与其阻值成反比。（　　）

7. 两个电阻相等的电阻并联，其等效电阻（即总电阻）比其中任何一个电阻的阻值都大。（　　）

三、选择题

1. 某直流电路的电压为 220 V，电阻为 40 Ω，其电流为（　　）。

　　A. 5.5 A　　　　　　　B. 4.4 A　　　　　　　C. 1.8 A　　　　　　　D. 8.8 A

2. 在图 3-35 所示电路中，$R_2=R_4$，电压表 V_1 读数 8 V，V_2 读数 12 V，U_{AB} 为（　　）。

　　A. 6 V　　　　　　　B. 20 V　　　　　　　C. 24 V　　　　　　　D. 无法确定

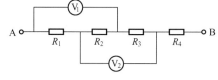

图 3-35　选择题 2 电路

3. 电容的允许误差等级 Ⅱ 表示的误差是（　　）。

　　A. ±2%　　　　　　　B. ±5%　　　　　　　C. ±10%　　　　　　　D. ±20%

4. 当电解电容的极性标记不清，无法辨别时，可根据正向连接时漏电电阻（　　）反向连接时漏电电阻的特点来检查判断。

A. 大于　　　　　　B. 小于　　　　　　C. 等于

5. 用万用表检测普通电感通断情况时，通常将万用表置于（　　）挡。

A. $R \times 1$　　　　B. $R \times 10$　　　　C. $R \times 100$　　　　D. $R \times 1\,k$

四、问答题

1. 电阻器的主要参数有哪些？电阻器的规格标注方法有几种？标识 2M7 的电阻器的电阻值是多少？

2. 如何用万用表测量电阻的阻值？测量前要注意哪些事项？待测电阻在带电情况下能否进行阻值测量？

3. 两手分别紧捏电阻引脚和万用表表笔来测量阻值较大的固定电阻的阻值，这样做正确吗？

4. 电解电容在接线时应注意什么？否则会产生什么后果？

5. 通常电灯开得越多，总负载电阻越大还是越小？

6. 马路上的灯看似"一串串"的，其中一盏坏了并不影响其他灯正常工作，这是为什么？

五、计算题

1. 已知电路如题 3-36 所示，试计算 a、b 两端的电阻。

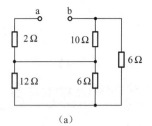
（a）

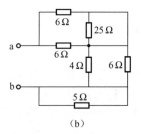
（b）

图 3-36　计算题 1 电路

2. 电路如图 3-37 所示，已知 $R_1 = 1\,\Omega$，$R_2 = 2\,\Omega$，$R_3 = 4\,\Omega$，求各电路的等效电阻 R_{ab}。

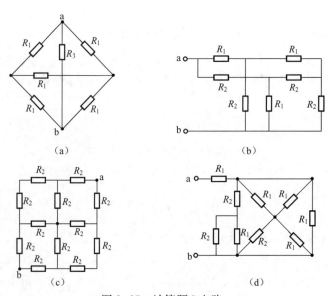

图 3-37　计算题 2 电路

3. 电路如图 3-38 所示，已知 $R=2\,\Omega$，求开关打开和闭合时等效电阻 R_{ab}。

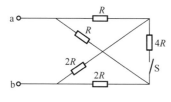

图 3-38　计算题 3 电路

4. 电路如图 3-39 所示。

（1）开关 S 打开时，求电压 U_{ab}；

（2）开关 S 闭合时，求流过开关电流 I_{ab}。

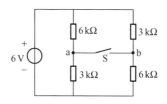

图 3-39　计算题 4 电路

5. 有一电流表，最大量程是 $500\,\mu A$，内阻为 $300\,\Omega$，如果把它改制成量程为 $2\,A$ 的电流表，应并联多大的分流电阻？

6. 有一电压表，最大量程是 $500\,mV$，内阻是 $200\,\Omega$，若把它改成量程为 $100\,V$ 的电压表，应串联多大的分压电阻？

任务 3 电阻、电感及电容元件检测

任务 4

➡ 万用表的装配与调试

现代生活离不开电子产品。电子产品的质量是以其工作性能、使用效果和寿命等综合指标来评定的。为保证电子产品的质量，对电子产品提出了若干装配要求，这些装配要求应当在装配过程中予以保证。为使学生了解并掌握电子产品的装配要求，将万用表的装配与调试作为学习任务。通过本任务的学习，帮助学生掌握锡焊技术的工艺要领及电子产品的装配与调试方法。

学习目标

(1) 掌握电路中各点电位的计算方法；
(2) 掌握基尔霍夫定律并运用定律解算电路；
(3) 理解叠加定理、戴维南定理及其应用；
(4) 能根据万用表电路原理图和内部结构，绘制万用表内部元件安装图；
(5) 掌握万用表的组装与调试步骤，使用的工具和材料；
(6) 掌握锡焊技术的工艺要领及万用表的装配与调试方法；
(7) 培养学生阅读科技文献资料的能力和团队协作精神。

任务描述

万用表是一种常用的电工仪表，是电工作业人员不可缺少的工具。学会分析万用表内部结构及工作原理，正确绘制万用表接线图，掌握万用表的组装与调试方法，以及锡焊技术的工艺要领，是使用和维修万用表等仪器设备的基础。

以"万用表的装配与调试"为学习任务，将复杂电路分析与计算方法、电路原理图的识读、安装焊接技术等知识点与电烙铁的使用、万用表的组装及调试等技能相结合。根据提供的 MF47 型指针式万用表整机装配材料，完成任务：

(1) 回顾任务 3 介绍的元器件的识别与检测方法，识别、检测元器件，熟悉各元器件的符号、作用，并与实物进行对照；
(2) 熟悉万用表的结构组成，识读万用表的原理图和装配图；
(3) 按照装配工艺要求，对线路板进行安装，对整机进行装配；
(4) 对万用表进行简单调试；
(5) 分析万用表主要挡位测量原理。

相关知识

一、电路中各点电位的计算

电路中每点的电位相对于同一参考点而言是一定的，检测电路中各点的电位是分析与维修电路的常用手段。要确定电路中某点的电位，必须先选取参考点。在电路中选定某一点 A 为电位参考点，就是规定该点的电位为零，即零电位点，$V_A = 0$。电位参考点的选择方法如下：

（1）在工程中常选大地作为电位参考点；

（2）在电子线路中，常选一条特定的公共线或机壳作为电位参考点。

在电路中通常用符号"⊥"标出电位参考点。

（一）电位的定义

电路中某一点 M 的电位 V_M 就是该点到电位参考点 A 的电压，也即 M、A 两点间的电位差，即

$$V_M = U_{MA} \tag{4-1}$$

（二）电位分析计算

计算电路中某点电位的方法如下：

（1）确认电位参考点的位置；

（2）确定电路中的电流方向和各元器件两端电压的极性；

（3）从被求点开始通过一定的路径绕到电位参考点，则该点的电位等于此路径上所有电压降的代数和；电阻元件电压降写成 $\pm RI$ 形式，当电流 I 的参考方向与路径绕行方向一致时，选取"+"号；反之，则选取"–"号。电源电动势写成 $\pm E$ 形式，当电动势的方向与路径绕行方向一致时，选取"–"号；反之，则选取"+"号，如图 4-1 所示。

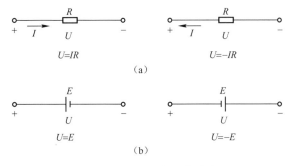

图 4-1　电压正负号的确定

【例 4-1】如图 4-2 所示电路，已知 $E_1 = 42\,V$，$E_2 = 6\,V$，电源内阻忽略不计；$R_1 = 3\,\Omega$，$R_2 = 5\,\Omega$，$R_3 = 4\,\Omega$。求 B、C、D 三点的电位 V_B、V_C、V_D。

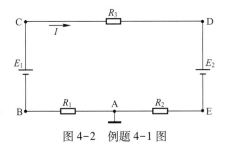

图 4-2　例题 4-1 图

解　利用电路中 A 点为电位参考点（零电位点），电流方向为顺时针方向：

$$I = \frac{E_1 - E_2}{R_1 + R_2 + R_3} = 3\,A$$

B 点电位：$V_B = U_{BA} = -R_1I = -9\ \text{V}$

C 点电位：$V_C = U_{CA} = E_1 - R_1I = (42-9)\ \text{V} = 33\ \text{V}$

D 点电位：$V_D = U_{DA} = E_2 + R_2I = (6+15)\ \text{V} = 21\ \text{V}$

必须注意的是，电路中两点间的电位差（即电压）是绝对的，不随电位参考点的不同发生变化，即电压值与电位参考点无关；而电路中某一点的电位则是相对电位参考点而言的，电位参考点不同，该点电位值也将不同。

例如，在上例题中，假如以 E 点为电位参考点，则

B 点的电位变为 $V_B = U_{BE} = -R_1I - R_2I = -24\ \text{V}$；

C 点的电位变为 $V_C = U_{CE} = R_3I + E_2 = 18\ \text{V}$；

D 点的电位变为 $V_D = U_{DE} = E_2 = 6\ \text{V}$。

【**例 4-2**】如图 4-3 所示电路，$R_1 = 4\ \Omega$，$R_2 = 2\ \Omega$，$R_3 = 1\ \Omega$，$E_1 = 4\ \text{V}$，$E_2 = 3\ \text{V}$，求电路中 a、b、c 点的电位。

解 d 点接地，则 $V_d = 0$。在 abca 回路中，

$$I = \frac{E_2}{R_2 + R_3} = \frac{3\ \text{V}}{2\ \Omega + 1\ \Omega} = 1\ \text{A}$$

$$V_c = U_{cd} + V_d = E_1 = 4\ \text{V}$$

$$V_b = U_{bc} + V_c = I_2R_2 + V_c = 1\ \text{A} \times 2\ \Omega + 4\ \text{V} = 6\ \text{V}$$

$$V_a = U_{ab} + V_b = -E_2 + V_b = -3\ \text{V} + 6\ \text{V} = 3\ \text{V}$$

二、基尔霍夫定律

基尔霍夫定律是电路理论中的重要定律之一，它概括了电路中电流和电压分别遵循的基本规律，是分析计算电路的基础。它包括基尔霍夫电流定律（KCL）和基尔霍夫电压定律（KVL）。它们与构成电路的元器件性质无关，仅与电路的连接方式有关。

（一）几个基本概念

（1）支路：由一个或一个以上元器件首尾相接构成的无分支电路。图 4-4 中的 ED、AB、FC 都是支路。

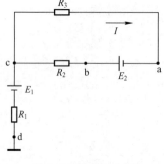

图 4-3　例题 4-2 图

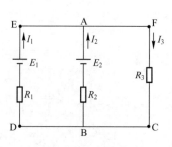

图 4-4　电路举例

（2）节点：电路中三条或三条以上支路的连接点称为节点。图 4-4 中的 A、B 都是节点。

（3）回路：电路中任一闭合路径称为回路。图 4-4 中的 ABDEA、ABCFA、AFCBDEA 都是回路。

（4）网孔：平面电路中，不包含支路的回路称为网孔。图 4-4 中的 ABDEA、ABCFA 都是网孔，但 AFCBDEA 不是网孔，因为它包含支路 AB。

（二）基尔霍夫电流定律（KCL 定律）

KCL 定律是描述电路中任意节点处各支路电流之间关系的定律，因此又称为节点电流定律，它的内容为：对任一电路的任一节点上，在任一瞬间，电流的代数和永远等于零。

$$\sum i(t) = 0 \qquad (4-2)$$

对于直流电路，则有

$$\sum I = 0 \qquad (4-3)$$

应当指出：在列写节点电流方程时，若选择流入节点的电流为正，则流出节点的电流为负。

如图 4-5 所示电路中，对于节点 a，在图示电流参考方向下，有

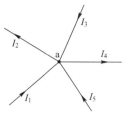

图 4-5　电路举例

$$I_1 + I_3 + I_5 - I_2 - I_4 = 0 \qquad (4-4)$$

将式（4-4）整理可得

$$I_1 + I_3 + I_5 = I_2 + I_4 \qquad (4-5)$$

上式表明：任一时刻，流入电路中任一节点的电流之和恒等于流出该节点的电流之和。

KCL 定律不仅适用于电路中的节点，还可以推广应用于电路中的任一假设的封闭面，即在任一瞬间，通过电路中任一假设封闭面的电流代数和为零。

图 4-6 所示电路，选择封闭面如图中虚线所示，在所选定的参考方向下有

$$I_1 + I_6 + I_7 = I_2 + I_3 + I_5 \qquad (4-6)$$

【例 4-3】如图 4-7 所示电路，已知 $I_1 = 3\,\text{A}$，$I_2 = 6\,\text{A}$，$I_3 = -7\,\text{A}$，$I_5 = 8\,\text{A}$，求 I_4 及 I_6。

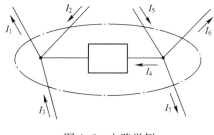

图 4-6　电路举例

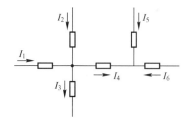

图 4-7　例 4-3 题图

解　根据 KCL 定律有

$$I_1 + I_2 - I_3 - I_4 = 0$$

代入参数可得 $I_4 = 2\,\text{A}$。

同理有

$$I_4 + I_5 + I_6 = 0$$

代入参数可得 $I_6 = -10\,\text{A}$。

【例 4-4】在图 4-8 所示电路中，已知 $R_1 = 2\,\Omega$，$R_2 = 5\,\Omega$，$U_S = 10\,\text{V}$，求各支路电流。

解　首先设定各支路电流的参考方向，如图中所示，由于 $U_{ab} = U_S = 10\,\text{V}$，根据欧姆定律，有

$$I_1 = \frac{U_{ab}}{R_1} = \frac{10\,\text{V}}{2\,\Omega} = 5\,\text{A}$$

$$I_2 = -\frac{U_{ab}}{R_2} = -\frac{10\,\text{V}}{5\,\Omega} = -2\,\text{A}$$

对节点 a 列方程，有

$$-I_1 + I_2 + I_3 = 0$$

$$I_3 = I_1 - I_2 = 5\,\text{A} - (-2\,\text{A}) = 7\,\text{A}$$

【例 4-5】 如图 4-9 所示电路，已知 $i_1 = 4\,\text{A}$，$i_2 = 7\,\text{A}$，$i_4 = 10\,\text{A}$，$i_5 = -2\,\text{A}$，求电流 i_3、i_6。

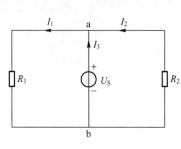

图 4-8 例 4-4 题图

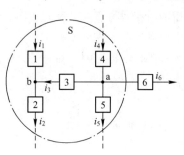

图 4-9 例 4-5 图

解 令流出节点的电流为正。对节点 b 列 KCL 方程，有

$$-i_1 + i_2 - i_3 = 0$$

则有

$$i_3 = -i_1 + i_2 = -4\,\text{A} + 7\,\text{A} = 3\,\text{A}$$

对节点 a 列 KCL 方程，有

$$i_3 - i_4 + i_5 + i_6 = 0$$

则

$$i_6 = i_4 - i_3 - i_5 = 10\,\text{A} - 3\,\text{A} - (-2\,\text{A}) = 9\,\text{A}$$

还可应用闭曲面 S 列 KCL 方程求出 i_6，如图中虚线所围闭曲面 S，设流出闭曲面的电流取正号，列方程

$$-i_1 + i_2 - i_4 + i_5 + i_6 = 0$$

所以

$$i_6 = i_1 - i_2 + i_4 - i_5 = 4\,\text{A} - 7\,\text{A} + 10\,\text{A} - (-2\,\text{A}) = 9\,\text{A}$$

（三）基尔霍夫电压定律（KVL 定律）

KVL 定律是描述电路中任意回路内各电压之间关系的定律，因此又称为回路电压定律，它的内容为对电路中的任一回路，在任一瞬间，沿回路绕行方向，各段电压的代数和为零，即

$$\sum u(t) = 0 \tag{4-7}$$

对于直流电路，则有

$$\sum U = 0 \tag{4-8}$$

通常把上两式称为回路电压方程，简称 KVL 方程。

应当指出：在列写回路电压方程时，首先要任意选定回路的绕行方向，一般以虚线表示。

各电压变量前的正负号确定方法是：电压或电流的参考方向与回路绕行方向相同时，取正号，参考方向与回路绕行方向相反时取负号。

如图 4-10 所示电路中，选定回路 ABCDA 绕行方向，则有

$$U_1+U_2-U_3-U_4=0 \qquad (4-9)$$

将式（4-9）整理可得

$$U_1+U_2=U_3+U_4 \qquad (4-10)$$

上式表明：沿选定的回路方向绕行所经过的电路电位的升高之和等于电路电位的下降之和。

KVL 定律不仅适用于电路中的具体回路，还可以推广应用于电路中的任一假想的回路。即在任一瞬间，沿回路绕行方向，电路中假想的回路中各段电压的代数和为零。

图 4-11 所示为某电路中的一部分，路径 afcb 并未构成回路，选定图中所示的回路绕行方向，对假象的回路 afcba 列写 KVL 方程有

$$U_4+U_{ab}=U_5 \qquad (4-11)$$

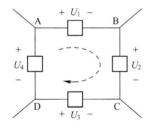

图 4-10　KVL 应用举例

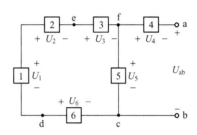

图 4-11　KVL 应用举例

由此可见：电路中 a、b 两点的电压 U_{ab}，等于以 a 为原点、以 b 为终点，沿任一路径绕行方向上各段电压的代数和。其中，a、b 可以是某一元器件或一条支路的两端，也可以是电路中的任意两点。

【例 4-6】图 4-12 所示电路中，已知 $U_1=5\,\text{V}$，$U_2=3\,\text{V}$，$U_3=6\,\text{V}$，$U_4=15\,\text{V}$，$U_5=-2\,\text{V}$，求 U_6 及 U_{ab}。

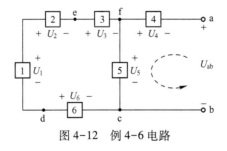

图 4-12　例 4-6 电路

解　根据 KVL，在回路 cdefc 中，有

$$-U_1+U_2+U_3+U_5-U_6=0$$

整理并代入参数，得 $U_6=2\,\text{V}$。

在假象回路 afcba 中：

$$-U_4+U_5-U_{ab}=0$$

整理代入参数，得 $U_{ab}=-17\,\text{V}$。

三、支路电路法

支路电流法是计算复杂电路的一种最基本的方法。它通过应用 KCL 定律和 KVL 定律分别对节点和回路列出所需要的方程组，而后解出各未知支路电流。

用支路电流法计算电路的具体步骤是（以 n 个节点的电路为例）：

（1）将各支路电流设为未知量，任意选定各支路电流参考方向和回路绕行方向。

（2）根据 KCL 定律，写出（$n-1$）个不重复的节点电流方程。

（3）根据 KVL 定律，列写不重复的回路电压方程。为了保证方程不重复，一般选择网孔来列写方程。

（4）将节点电流方程和回路电压方程组成方程组，联立求出各支路电流，进而求解支路电压。

【例 4-7】 如图 4-13 所示，已知 $E_1 = 10\ \text{V}$，$E_2 = 10\ \text{V}$，$R_1 = 4\ \Omega$，$R_2 = 4\ \Omega$，$R_3 = 3\ \Omega$，用支路电流法求支路的电流 I_1、I_2、I_3 及 U_{AB}。

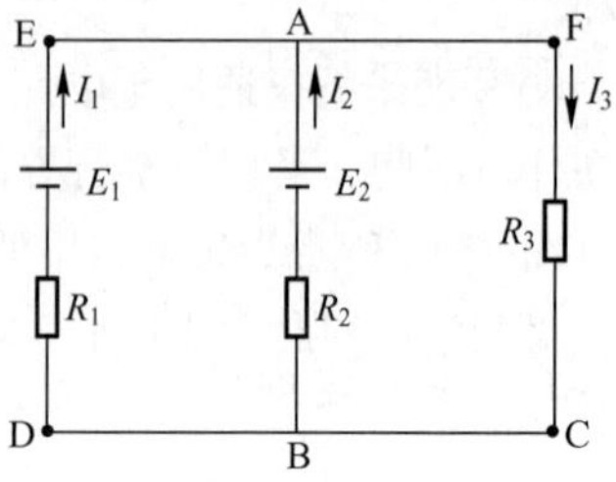

解 设定三条支路电流参考方向如图所示，选择节点 A 列写 KCL 方程：

图 4-13 例 4-7 电路

$$I_1 + I_2 = I_3 \tag{4-12}$$

选定回路 ABDEA 及回路 AFCBA 列写 KVL 方程：

$$-10 + 10 - 4I_2 + 4I_1 = 0 \tag{4-13}$$

$$-10 + 3I_3 + 4I_2 = 0 \tag{4-14}$$

联立以上三方程求解得：$I_1 = I_2 = 1\text{A}$，$I_3 = 2\text{A}$，$U_{AB} = 6\ \text{V}$。

*四、叠加定理

由线性元器件组成的电路称为线性电路。

在线性电路中，任一支路的电流或电压可以看成是电路中每一个独立电源单独作用于电路时，在该支路产生的电流或电压的代数和。线性电路的这种叠加性称为叠加定理。

当某个独立电源单独作用时，其他电源不作用，应该进行处理。即独立电压源不作用时应视为短路，电流源不作用时应视为开路。

【例 4-8】 利用叠加定理求解图 4-14（a）所示电路中的电流 I_3。

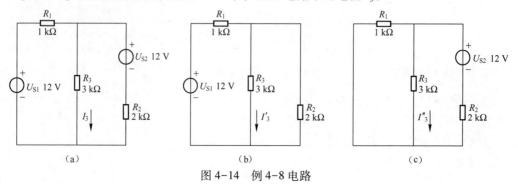

图 4-14 例 4-8 电路

解 根据叠加定理，U_{S1} 单独工作，U_{S2} 不工作，将图 4-14（a）中的电压源 U_{S2} 短路，得到图 4-14（b）所示电路，计算电流 I_3'。

$$I_3' = \left(\frac{12}{1+3/\!/2} \times \frac{2}{2+3} \right) \text{mA} = \frac{12}{55} \text{mA}$$

同理，U_{S2} 单独工作，U_{S1} 不工作，将图 4-14（a）中的电压源 U_{S1} 短路，得到图 4-14（c）所示电路，计算电流 I_3''。

$$I_3'' = \left(\frac{12}{2+3/\!/1} \times \frac{1}{1+3} \right) \text{mA} = \frac{12}{11} \text{mA}$$

由叠加定理得

$$I_3 = I_3' + I_3'' = \left(\frac{12}{55} + \frac{12}{11} \right) \text{mA} = \frac{72}{55} \text{mA} \approx 1.3 \text{ mA}$$

在使用叠加定理分析计算电路应注意以下几点：

（1）叠加定理只能用于计算线性电路（即电路中的元器件均为线性元器件）的支路电流或电压（不能直接进行功率的叠加计算，因为功率与电压或电流是平方关系，而不是线性关系）。

（2）电压源不作用时应视为短路，电流源不作用时应视为开路；电路中的所有线性元器件（包括电阻、电感和电容）都不予变动，受控源则保留在各分电路中。

（3）叠加时要注意电流或电压的参考方向，正确选取各分量的正负号。

*五、戴维南定理

任何具有两个引出端子的电路都称为二端网络。若网络中有电源就称为有源二端网络，否则叫无源二端网络。

戴维南定理：任何一个线性有源二端网络，对其外部而言，总可以用一个理想电压源和电阻串联的电路模型来等效替代。其中，理想电压源的电压等于线性有源二端网络的开路电压 U_{oc}；电阻等于有源二端网络化成无源二端网络后的等效电阻 R_{eq}，如图 4-15 所示。

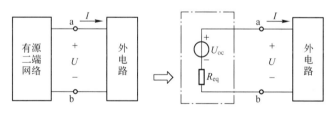

图 4-15 戴维南等效电路

【例 4-9】 电路如图 4-16（a）所示，已知 $U_{S1} = 10 \text{ V}$，$I_{S2} = 5 \text{ A}$，$R_1 = 6 \text{ Ω}$，$R_2 = 4 \text{ Ω}$，用戴维南定理求 R_2 上的电流 I。

解 戴维南等效电路如图 4-16（b）所示。求电路参数 U_{oc} 和 R_{eq}。

将图 4-16（a）中的待求支路移开，形成有源二端网络如图 4-16（c）所示，求开路电压 U_{oc}。

$$U_{oc} = 10 \text{ V} + 5 \text{ A} \times 6 \text{ Ω} = 40 \text{ V}$$

将有源二端网络除源，构成无源二端网络如图 4-16（d）所示，求其等效电阻 R_{eq}。

$$R_{eq} = R_1 = 6\,\Omega$$

将 U_{oc} 和 R_{eq} 代入戴维南等效电路图 4-16（b），求 I。

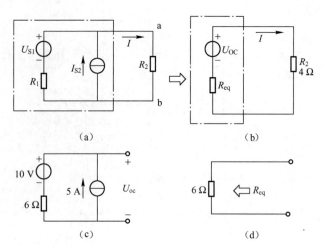

图 4-16 例题 4-9 电路

$$I = \frac{U_{OC}}{R_{eq} + R_2} = \frac{40\,V}{6\,\Omega + 4\,\Omega} = 4\,A$$

【例 4-10】求图 4-17（a）所示电路中的电流 I。

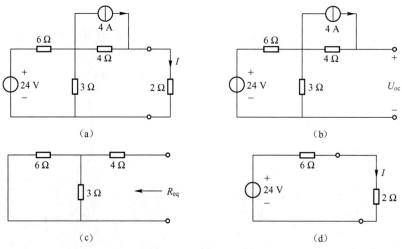

图 4-17 例 4-10 图

解

（1）当待求支路断开时［见图 4-18（b）］，电路的开路电压为：

$$U_{OC} = 4 \times 4\,V + \frac{3}{3+6} \times 24\,V = 24\,V$$

（2）求等效电源内阻 R_{eq}［见图 4-18（c）］：

$$R_{eq} = \frac{3 \times 6}{3+6}\Omega + 4\,\Omega = 6\,\Omega$$

（3）求电流 I［见图 4-18（d）］：

$$I = \frac{24}{6+2} \text{A} = 3 \text{ A}$$

【例 4-11】 用戴维南定理求图 4-18（a）所示电路中的 I、U。

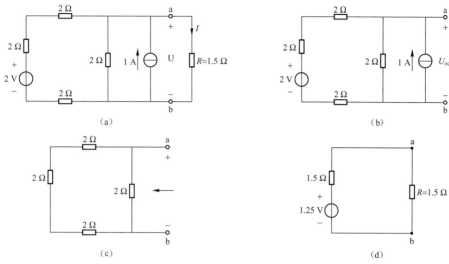

图 4-18 例题 4-11 图

解 根据戴维南定理，将 R 支路以外的其余部分所构成的二端网络，用一个电压源去等效代替。

（1）求 U_{oc}：将 R 支路断开，如图 4-18（b）所示。用叠加定理可求得

$$U_{oc} = \left[\frac{2}{2+2+2+2} \times 2 \right] \text{V} + \left[1 \times \frac{2+2+2}{2+2+2+2} \right] \text{V} = 1.25 \text{ V}$$

（2）求 R_{eq}：将两个独立源变为零值，即将 2 V 电压源短路，而将 1A 电流源开路，如图 4-18（c）所示。可求得

$$R_{eq} = \left[\frac{2 \times (2+2+2)}{2+2+2+2} \right] \Omega = 1.5 \ \Omega$$

（3）根据所求得的 U_{oc} 和 R_{eq}，可做出戴维南等效电路，接上 R 支路如图 4-18（d）所示，即可求得

$$I = \frac{1.25}{1.5+1.5} \text{A} \approx 0.41 \text{ A}$$

$$U = IR = 0.625 \text{ V}$$

在使用戴维南定理分析计算电路时应注意以下几点：

（1）戴维南定理只对外电路等效，对内电路不等效；

（2）求解等效电阻 R_{eq} 时，一定要将有源二端网络变成无源二端网络；

（3）戴维南定理只适用于线性的有源二端网络。如果有源二端网络中含有非线性元器件，则不能应用戴维南定理求解。

六、指针式万用表工作原理

指针式万用表的类型很多，这里以 MF-47 型万用表为例介绍其工作原理。图 4-19 是这款万用表电路原理图。

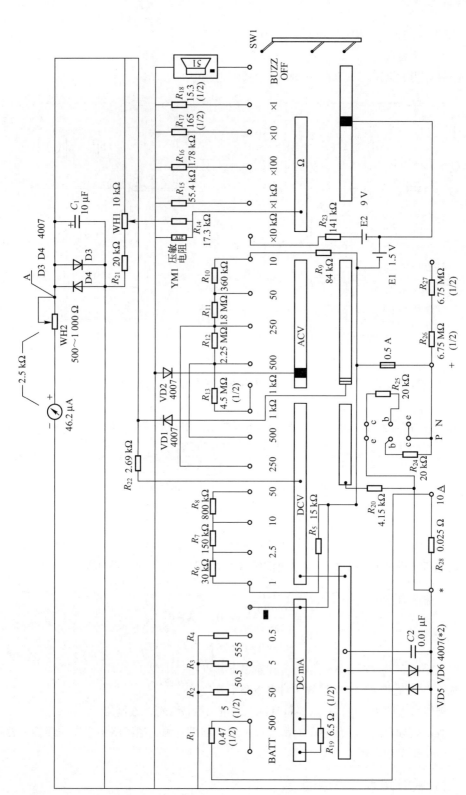

图 4-19 MF-47 指针式万用表电路图

（一）MF-47 指针式万用表的结构特点

MF-47 型万用表具有 26 个基本量程和电平、电容、电感、晶体管直流参数等 7 个附加参考量程，是一种量限多、灵敏度高、使用方便的指针式万用表。MF-47 指针式万用表的结构主要由机械部分、显示部分和电气部分三大部分组成。

1. 机械部分

机械部分由外壳、转换开关旋钮部分组成。转换开关由转轴、电刷及测量电路的触片组成。转换开关是万用表选择测量功能和量程时的切换元件。万用表用的转换开关都采用多层多刀多掷波段开关或专用的转换开关。开关里面有固定触点和活动触点，通常活动触点称为"刀"，固定触点称为"掷"。转动"刀"的位置，使其与不同挡的固定触点接触，从而接通相应的测量电路。有多少个挡位就叫多少"掷"。MF-47 型万用表转换开关是三触点二十四掷的开关。最外层有二十四个挡位，每个挡位均与一定的测量对象所对应。当转轴转动时，电刷也随着转动，挡位也随之改变。

2. 显示部分

显示部分是由表头及刻度盘组成的。表头由高灵敏度的磁电式直流微安表组成，表头灵敏度（表头满偏电流）$I_0 \leqslant 50\,\mu A$，表头内阻不大于 $1.8\,k\Omega$。表头刻度盘上刻有多种量程的刻度，用以指示被测量的数值。其满刻度偏转电流越小，表头特性越好，灵敏度就越高。表头的表盘上有对应各种测量功能所需的刻度尺，以便直接读出被测量数据。在表盘上还标有一些数字和符号，它们表明了万用表的性能和指标。

3. 电气部分

电气部分由测量线路板、电位器、电阻、二极管、电容、分压电阻、分流电阻、整流器等元器件组成。电气部分的功能是把各种被测的电量转换成表头所需的微弱电量，例如将被测的大电流通过分流电阻变换成表头所需的微弱电流；将被测的高电压通过分压电阻及整流器变换成表头所需的低电压；将被测的交流电压通过分压电阻及整流器变换成表头所需的直流电压。

（二）万用表工作原理

1. 表头保护电路原理

如图 4-20 所示，表头采用 D3、D4 两个二极管反向并联，并与电容并联，用于限制表头两端的电压，保护表头不致因电压、电流过大而烧坏。

2. 直流电流的测量原理

当转换开关掷于直流电流挡时，万用表就相当于一个直流电流表。万用表的表头是一个磁电式电流计，其灵敏度一般很高，因此测量直流电流的范围很小。为了扩大量限以适应不同测量范围的要求，可在表头上并联不同阻值的分流电阻，如图 4-20 中的 $R_1 \sim R_4$。万用表的多量程测量是通过转换开关改变分流电阻的大小来实现的。

3. 直流电压的测量原理

当转换开关掷于直流电压挡时，万用表就是一个多量程的直流电压表。万用表的表头具有一定的内阻，当有直流电流从表头流过时，就能产生一定的电压降。表头上的电压降与流经表头的直流电流成正比，因此可以在表盘上标出对应于一定直流电流的电压值。由于表头灵敏度很高，内阻很小，因此压降也很小，一般在十几毫伏至上百毫伏之间。如不串联分压电阻，量程很小，不适于实际测量。因此，必须在表头回路中串联阻值适当的电阻，如图 4-21 中 $R_5 \sim R_8$。

任务 **4** 万用表的装配与调试

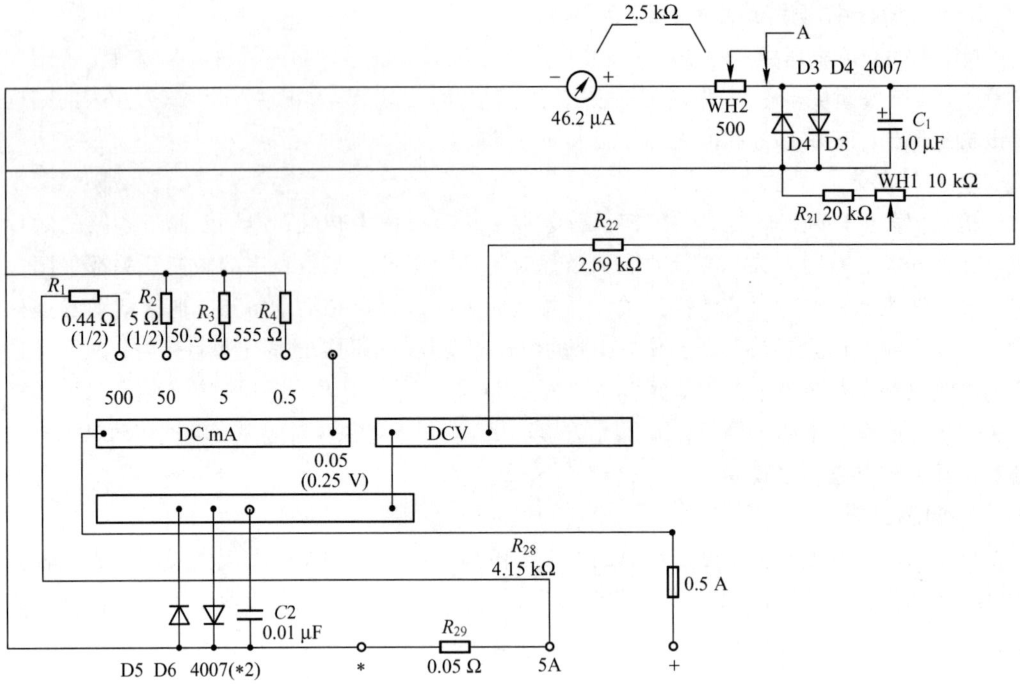

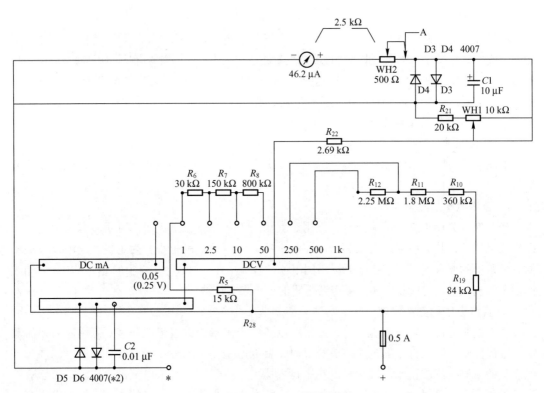

图 4-20　直流电流各挡测量电路

图 4-21　直流电压各挡测量电路

4. 交流电压的测量原理

万用表的交流电压挡就是一个多量程的整流系交流电压表（见图4-22）。万用表的测量装置为直流微安表头，以致测量交流电压时必须引入整流元器件，如图中 D1、D2，将被测交流电变成直流电再作用于测量机构。万用表中的整流电路多采用锗或硅二极管构成的半波整流或全波整流电路，经整流后就可以应用测直流电压的方法来测交流电压了。测量交流电压时，万用表表盘上的刻度是以有效值来表示的。

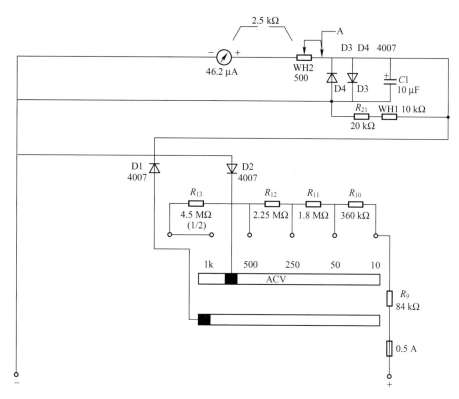

图 4-22　交流电压各挡测量电路

5. 电阻的测量原理

万用表电阻挡实际是个多量程的欧姆表。电阻测量的基本原理如图4-23所示。E 为电池电压，R 为调零电位器，R_x 为被测电阻。当 $R_x = 0$ 时，调节 R 使表头指针指向满刻度，也就是零欧姆，此时流过表头的电流 $I_o = E/(R_o + R)$。当接入被测电阻 R_x 之后，流过表头的电流为 $I = E/(R_o + R + R_x)$，可以看出：

（1）在电池电压 E、调零电阻 R 为定值的情况下，当电路中接入某一确定的被测电阻 R_x 时，电路中就有一相应电流使表头的指针有一个确定的偏转角度。当被测电阻 R_x 的值改变时，电路中的电流会跟着发生变化，于是表头的指针偏转角度也相应地变化。可见，表头指针的偏转角度大小与被测电阻大小是一一对应的。如果表头的标度尺按电阻刻度，那么就可以用该电路直接测量电阻了。

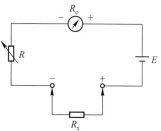

图 4-23　电阻测量原理图

（2）被测电阻 R_x 越大，电路中的电流就越小，表头指针向右偏转的角度越小。当 R_x 无穷大时，电路中电流为零，此时表头指针不偏转，指针在零位。可见，当被测电阻在 $0 \sim \infty$ 之间变化时，表头指针则在满刻度与零位之间变化，所以欧姆标度尺应是反向刻度，它与电流挡、电压挡标度尺的刻度方向相反。同时从公式 $I = E/(R_0 + R + R_x)$ 可以看出，电路中的电流与被测电阻大小不是线性关系，所以测量电阻的标度尺分度是不均匀的。

调零电阻 R 的作用是：当电池电压变化，使得 $R_x = 0$ 而表头指针不能满刻度偏转时，可以调节 R 使表头指针满度偏转，即指在欧姆标度尺的零位。因此称 R 为零欧姆调整器。

由上可知，在用欧姆表测量电阻之前，为避免因电池电压变化而引起的测量误差，应首先将万用表测试表笔短接，同时调节调零旋钮，使表针指在 $R_x = 0$ 的位置，然后进行测量。电阻测量电路如图 4-24 所示。

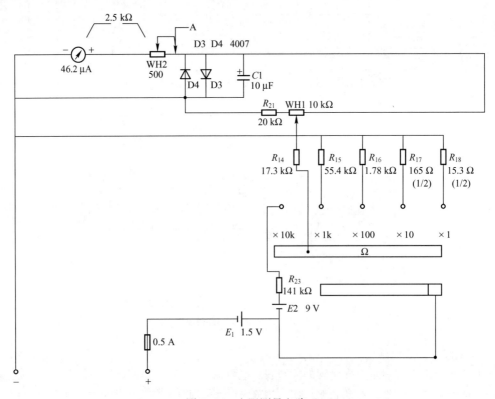

图 4-24　电阻测量电路

七、万用表装配与调试

MF-47 型万用表的组装示意图如图 4-25 所示。

装配前，应该对万用表的基本原理和基本测量线路以及仪表的性能有一定了解，还应了解一定的焊接技能，并且了解各元器件的作用。

（一）安装焊接技术

焊接是将零散电路元器件连接成电路整体，构成电流的流通路径，实现电路的整体功能。

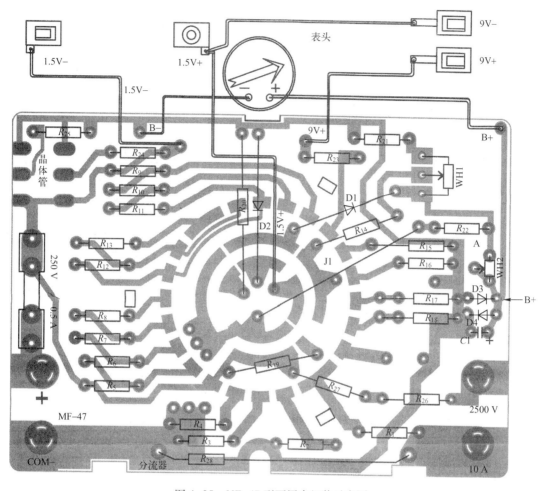

图 4-25　MF-47 型万用表组装示意图

在电子产品的制作过程中，元器件的安装与焊接非常重要。安装与焊接质量直接影响到电子产品的性能（如准确度、灵敏度、稳定性、可靠性等），虚焊、焊点脱落等将造成电子产品无法正常、稳定工作。大批量工业生产中一般采用自动安装与焊接，实验、试制以及小批量生产时往往采用手工安装与焊接。电子元器件安装与焊接技术是电子工作者必须掌握的基本技能，需要多多练习、熟练掌握。下面介绍电子元器件安装与焊接的工艺要求。

1. 手工安装

① 安装元器件时应注意与印制电路板上的印制符号一一对应，不能错位。

② 在没有特别指明的情况下，元器件必须从电路板正面（有丝印的面）装入，在线路板的另一面将元器件焊接在焊盘上。

③ 有极性的元件和器件要注意安装方向。

④ 元器件是按其在印制电路板上的高矮由矮到高和从耐热元器件到不耐热元器件的顺序安装的。

⑤ 电阻立式安装时，将电阻本体紧靠电路板，引线上弯半径≤1 mm，引线不要过高，表示第一位有效数字的色环朝上。卧式安装时，电阻离开电路板 1 mm 左右，引线折弯时不要折直弯。

安装元器件示意图如图 4-26 所示。

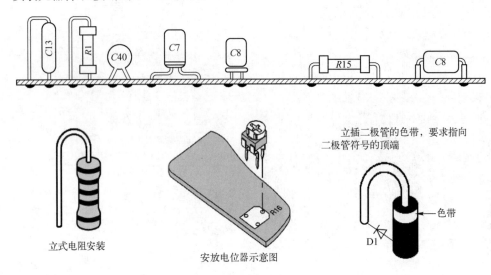

立式电阻安装

安放电位器示意图

立插二极管的色带，要求指向
二极管符号的顶端

色带

D1

图 4-26　安装元器件示意图

2. 手工焊接工具

① 电烙铁。电烙铁是焊接的基本工具，主要由烙铁头、烙铁芯和手柄组成。分外热式和内热式，按功率分有 20 W、25 W、30 W、45 W、75 W、100 W、200 W 等，烙铁头也有各种形状。电烙铁的握法有握笔式和拳握式，如图 4-27 所示。握笔式一般使用小功率直头电烙铁，适合焊接电路板和中、小焊点；拳握式一般使用大功率弯头电烙铁，适合焊接电路板和大焊点。

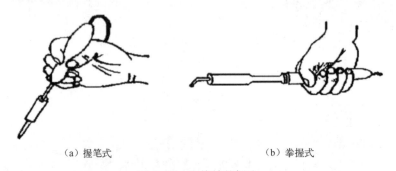

（a）握笔式　　　　　　　　　　　　（b）拳握式

图 4-27　电烙铁的握法

② 焊料。焊料是用来熔合两种或两种以上的金属面，使之成为一整体。常用锡铅合金焊料（也叫焊锡），不同型号的焊锡锡铅比例不同，锡铅按不同比例配比组成合金后，其熔点和其他物理性能都不同。目前在印制电路板上焊接元器件时一般选用低熔点空心焊锡丝，空心内装有起焊剂作用的松香粉，熔点为 140℃，外径有 $\phi 2.5$ mm、$\phi 2$ mm、$\phi 1$ mm、$\phi 1.5$ mm 等。

③ 焊剂。金属在空气中加热情况下，表面会生成氧化膜薄层，在焊接时会阻碍焊锡的浸润和接点合金的形成。采用焊剂 能破坏金属氧化物，使氧化物飘浮在焊锡表面上，改善焊接性能，又能覆盖在焊料表面，防止焊料和金属继续氧化，还能增强焊料和金属表面的活性，增加浸润能力。在电路板焊接时可用松香或松香酒精溶液（25% 的松香溶解在 75% 的酒精中）作为助焊剂。

3. 手工焊接技术

① 电烙铁使用前要上锡，具体方法是：将电烙铁烧热，待刚刚能熔化焊锡时，涂上助焊剂，再用焊锡均匀地涂在烙铁头上，使烙铁头均匀地"吃"上一层锡。

② 焊接方法，把焊盘和元器件的引脚用细砂纸打磨干净，涂上助焊剂。用烙铁头蘸取适量焊锡，接触焊点，待焊点上的焊锡全部熔化并浸没元器件引线头后，电烙铁头沿着元器件的引脚轻轻往上一提离开焊点。

③ 焊接时间不宜过长（3 s 以内），否则容易烫坏元器件和焊盘，必要时可用镊子夹住管脚帮助散热。在不得已情况下需长时间焊接时，要间歇加热，待冷却后，再反复加热，以免焊盘脱落。

④ 焊锡要均匀地焊在引线的周围，覆盖整个焊盘，表面应光亮圆滑，无锡刺，锡量适中并稍稍隆起，能够确认引线已在其中的程度即可。对于双面板，焊锡应透过电路板并覆盖背面整个焊盘。

⑤ 不能把烙铁尖部压着焊盘表面移动。

⑥ 烙铁尖和焊锡丝的配合：先将烙铁尖放在引线和焊盘的夹角处若干时间，对引线和焊盘完成加热后，跟进焊锡丝；焊锡熔化适量后，先离开焊锡丝，后离开烙铁尖。

⑦ 焊接完成后，要用酒精把线路板上残余的助焊剂清洗干净，以防炭化后的助焊剂影响电路正常工作。

⑧ 焊接集成电路时，电烙铁要可靠接地，或断电后利用余热焊接，或者使用集成电路专用插座，焊好插座后再把集成电路插上去。

⑨ 电烙铁应放在烙铁架上，注意避免电烙铁烫到自己、他人、导线和其他物品，长时间不焊接时应断电。

⑩ 焊接时注意防护眼睛，不要将焊锡放入口中（焊锡中含铅和有害物质），手工焊接后须洗干净双手，焊接现场保持通风。

正确的焊接方法与不良的焊接方法对比如表 4-1 所示。

表 4-1　正确焊接方法与不良焊接方法对照表

正确的焊接方法		不良的焊接方法	
① 将电烙铁靠在元器件引脚和焊盘的结合部，使引线和焊盘都充分加热。 注：所有元器件从元器件面插入，从焊接面焊接		① 加热温度不够：焊锡不向被焊金属扩散生成金属合金	
② 若烙铁头上带有少量焊料，可使烙铁头的热量较快传到焊点上。将焊接点加热到一定的温度后，用焊锡丝触到焊接件处，熔化适量的焊料；焊锡丝应从烙铁头的对称侧加入	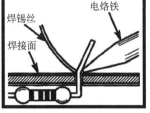	② 焊锡量不够：造成焊点不完整，焊接不牢固	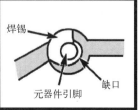

续表

正确的焊接方法	不良的焊接方法
③ 当焊锡丝适量熔化后迅速移开焊锡丝；当焊接点上的焊料流散接近饱满，助焊剂尚未完全挥发，也就是焊接点上的温度适当、焊锡最光亮、流动性最强的时刻，迅速移开电烙铁 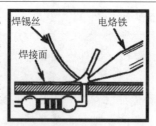	③ 焊接过量：容易将不应连接的端点短接 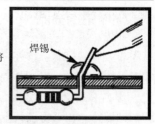
④ 焊锡冷却后，剪掉多余的焊脚，就完成了一个理想的焊接了 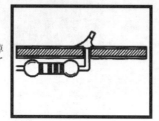	④ 焊锡桥接：焊锡流到相邻通路，造成线路短路。这个错误需用烙铁通过桥接部位 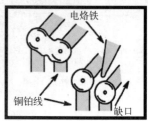

（二）万用表装配

1. 元器件识别与参数测量

对照万用表套件清单逐一清点元器件，以防止缺少元器件。然后对电阻、电感、电容、二极管、转换开关等进行测试，剔除不良元器件并更换，保证元器件的质量。

2. 万用表的装配

首先清除元器件表面的氧化层，根据实际元器件安装尺寸将引脚整理成形，然后按照装配图插装元器件并进行焊接与安装，随后进行机械部分的安装与调整。装配示意图如图4-25所示。

3. 装配注意事项

① 安装元器件以及连线时，一定要确认其位置，确保正确无误。

② 要确保焊接质量，不要出现虚焊，焊点要牢固可靠。

③ 各元器件的引线不要相碰，以免改变电路特性，出现不良后果。

④ 对于有极性的元器件，一定要弄清楚其极性及在线路中的位置。

⑤ 表头不要随意打开，以免损坏表头。

⑥ 电阻的阻值和电容的容量标识向外，以便查对和维修更换。

⑦ 万用表的体积较小，装配工艺要求较高。元器件焊接时要紧凑，否则可能造成焊接完成后无法盖上后盖。

⑧ 内部连线要排列整齐，不能妨碍转换开关的转动。

（三）万用表调试

（1）电路板装盒后，表头负端（黑线）不焊接，将数字万用表拨至20 k挡，数字表红表笔接图4-20中的A点，黑表笔接表头负端（黑线），调整电位器WH2，使数字表显示2.5 kΩ，则基本校准。

（2）将基本调试正常的万用表从电流挡开始逐挡检测（满刻度）。检测时应从最小挡位开始，首先检测直流电流挡，而后直流电压挡、交流电压挡，电阻挡及其他。各挡位符合要求后，该表即可投入正常使用。

**任务实施**

（一）任务分析

本任务要求完成的内容是，读懂万用表的原理图和装配图，按照装配工艺要求，将MF47型指针式万用表装配起来，并对万用表进行简单调试。

在任务实施之前，应做好以下准备工作：

（1）以团队形式合作实施任务，每队确定组长人选，并由组长对团队成员进行分工；

（2）明晰任务要求，列出实施任务用到的器材、工具、辅助设备等；

（3）认真识读万用表原理图和装配图，清点材料，准备装配；

（4）制定任务实施方案，包括焊接前准备工作、元器件的插装与焊接顺序、机械部分的安装与调整顺序、万用表的简单调试方法等；

（5）讨论分析任务实施过程中的注意事项；

（6）将以上分析结果填入表4-2中。

表4-2　任务实施方案表

任务编号	任务名称	小组编号	组　　长	组员及分工
器材、工具及辅助设备				
任务实施方案	焊接前准备工作			
	元器件的插装与焊接顺序			
	机械部分的安装与调整顺序			
	万用表的简单调试方法			
注意事项				

（二）完成任务

（1）将万用表结构组成部分填入表4-3。

表4-3　万用表结构组成

序　　号	名　　称

(2) 万用表测量电阻部分的电路原理分析。

(3) 万用表测量直流电流部分的电路原理分析。

(4) 万用表测量直流电压部分的电路原理分析。

(5) 万用表测量交流电压部分的电路原理分析。

(6) 按照装配工艺要求,组装万用表,并进行调试。

 考核评价

　　根据任务完成情况及评价项目,学生进行自评。同时组长负责组织成员讨论,给小组每位成员进行评价。结合教师评价、小组评价及自我评价,完成考核评价环节。考核评价表见表4-4所示。

表 4-4　考核评价表

任务编号及名称					
班级		小组编号		姓名	
小组成员	组长	组员	组员	组员	组员
自我评价	评价项目	标准分	评价分	主要问题	
	任务要求认知程度	10			
	相关知识掌握程度	15			
	专业知识应用程度	15			
	信息收集处理能力	10			
	动手操作能力	20			
	数据分析处理能力	10			
	团队合作能力	10			
	沟通表达能力	10			
	合计评分				
小组评价	专业展示能力	20			
	团队合作能力	20			
	沟通表达能力	20			
	创新能力	20			
	应急情况处理能力	20			
	合计评分				
教师评价					
总评分					
备注	总评分＝教师评价（50%）＋小组评价（30%）＋自我评价（20%）				

知识拓展

基尔霍夫——电路求解大师

如果你到城市供电局的控制室去参观，将会看到缩小到千分之一、万分之一的设计精巧、结构严密的全城供电网络。一旦发生故障，马上就能知道毛病出在哪里。为世界提供这门技术的是德国科学家基尔霍夫。

基尔霍夫 1824 年 3 月生于东普鲁士首府哥尼斯堡（今俄罗斯加里宁格勒），1887 年 10 月卒于柏林。

19 世纪 40 年代，经过安培、欧姆、奥斯特、焦耳和楞次等人的创造性工作，电磁学的理论也基本完善了，随之而来的是电气技术的蓬勃发展，使得电路变得越来越复杂。如何正确、迅速

地求解电路，成了电气技术进一步发展的关键。1845年，21岁的基尔霍夫成功地解决了这个难题。当时他刚从大学毕业，第一篇论文就提出后来被称为基尔霍夫第一和第二定律的两个定律，运用这两个定律能正确而迅速地求解任何复杂的电路，立即被各国科学家接受和采用。直到现在，它仍是解决复杂电路问题的重要工具。基尔霍夫还研究了热辐射问题。他根据热平衡理论导出：物体对电磁辐射的发射本领与吸收系数成正比，这称为基尔霍夫辐射定律。这一定律适用于任何温度，也适用于任何波长范围。在化学方面，基尔霍夫曾与化学家本生一同创立了光谱化学分析法，并用这种方法发现了铯和铷两元素。在天文学方面，基尔霍夫主要把光谱分析法作为研究天体的有力手段，从而发现了在太阳大气中存在的化学元素。

小　结

（1）电路中某点的电位就是该点到参考点之间的电压。电位的高低与所选定的路径无关，但如果选用不同的参考点，电路中各点电位将会有不同的数值。

（2）弄清楚支路、节点、回路、网孔几个基本概念是用基尔霍夫定律求解电路的基础。

（3）基尔霍夫电流定律指出：流入或流出节点的电流代数和等于零，即 $\sum I=0$。基尔霍夫电压定律指出：沿任一闭合回路绕行一周，各段电压的代数和为零，即 $\sum U=0$。

（4）基尔霍夫电流定律可以推广应用于电路中的任一假设的封闭面，即在任一瞬间，通过电路中任一假设封闭面的电流代数和为零。基尔霍夫电压定律可以推广应用于电路中的任一假想的回路，即在任一瞬间，沿回路绕行方向，电路中假想的回路中各段电压的代数和为零。

（5）支路电流法求解复杂电路中的参数，是以支路电流为待求量列写方程，求出各支路电流后，再去求解其他参数。

（6）叠加定理适用于线性电路的电压和电流计算。应用时将各支路的电流、电压看作各独立电源单独作用时，在该支路所产生的电流、电压分量叠加的结果。

（7）戴维南定理是将有源二端网络用等效电压源来代替，其等效电压源的电动势 E 等于该网络的开路电压；其串联内阻 R_0 等于原网络除去电源后的等效电阻。

（8）指针式万用表的结构一般由机械部分、显示部分和电气部分三大部分组成。其基本原理是利用一只灵敏的磁电式直流电流表（微安表）做表头。当微小电流通过表头，就会有电流指示。但表头不能通过大电流，满偏电流也是定值，所以，必须在表头上并联或串联电阻进行分流或降压，既构成不同的测量电路，从而测出电路中的电流、电压和电阻。

（9）安装与焊接质量直接影响到电子产品的性能（如准确度、灵敏度、稳定性、可靠性等），虚焊、焊点脱落等将造成电子产品无法正常、稳定工作。大批量工业生产中一般采用自动安装与焊接，实验、试制以及小批量生产时往往采用手工安装与焊接。

（10）手工焊接应避免出现虚焊、假焊、漏焊、连焊等情况。

习　题　四

一、填空题

1. 节点是指汇聚_____或_____以上支路的连接点。

2. 任意两节点之间不分叉的一条电路，称为一个_____；电路中任意一个闭合路径称为一个_____。

3. 如图 4 - 28 所示电路中有 _____ 节点，_____条支路，_____个回路，_____个网孔。

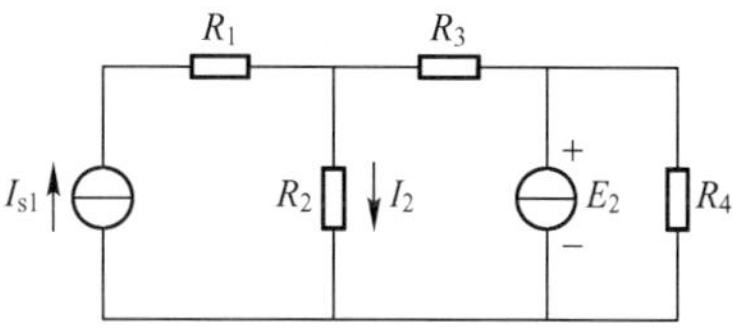

4. 用基尔霍夫定律求解电路时，必须预先标定各支路的_____方向和回路_____方向。

图 4-28　填空题 3 电路

5. 基尔霍夫第一定律又称_____定律，其数学表达式为_____。

6. 基尔霍夫第二定律又称_____定律，其数学表达式为_____。

7. 支路电流法是以_____为未知量，应用基尔霍夫定律解题的一种方法。

8. 叠加定律只适用于线性电路，并只限于计算电路中的_____和_____，不适用于计算电路的_____。

二、判断题

1. 电路中某一点的电位具有相对性，只有参考点确定后，该点的电位值才能确定。（　　）

2. 如果电路中某两点的电位都很高，则该两点间的电压也很大。（　　）

3. 无法用串并联电路特点及欧姆定律求解的电路称为复杂电路。（　　）

4. 利用基尔霍夫第二定律列出回路电压方程时，所设回路绕行方向与计算结果有关。（　　）

5. 叠加定理既适用于线性元器件组成的电路，也适用于其他非线性电路。（　　）

三、选择题

1. 基尔霍夫电流定律应用于直流电路中，下列各式正确的是（　　）。

　　A. $\sum I_入 = \sum I_出$　　　　B. $\sum I_入 + \sum I_出 = 0$　　　　C. $\sum I = 0$　　　　D. $\sum I \neq 0$

2. 应用基尔霍夫第一定律 $\sum I = 0$ 列方程时，其中 I 的符号（　　）。

　　A. 流入节点的电流为正

　　B. 流出节点的电流为正

　　C. 与实际电流方向一致取正

　　D. 只有在正方向选定时，电流才有正负值之分

3. 基尔霍夫电流定律适用于（　　）。

　　A. 节点　　　　　　B. 封闭面　　　　　　C. 闭合回路　　D. 假定闭合回路

4. 关于 KVL 定律，下列表述正确的是（　　）。

　　A. $\sum E + \sum I_R = 0$　　B. $\sum E = \sum U$　　　　C. $\sum E = \sum I_Z$　　D. $\sum U = 0$

5. 基尔霍夫电压定律适用于（　　）。

　　A. 节点　　　　　　B. 封闭面　　　　　　C. 闭合回路　　D. 假定闭合回路

6. 基尔霍夫定律适用于（　　）。

　　A. 线性电路　　　　B. 非线性电路　　　　C. 直流电路　　D. 交流电路

7. 一个复杂的电路，如果有 n 条支路，m 个节点，运用基尔霍夫定律所列的独立节点电流方程数应为（　　），所列独立回路电压方程数为（　　）。

　　A. n　　　　　　　B. m　　　　　　　C. $m-1$　　　　D. $n-m+1$

8. 下列关于叠加定理的叙述正确的有（　　）。

　　A. 当有几个电源同时作用一个线性电路时，任一支路中所通过的电流都可以看成电路中各个电源单独作用时分别在该支路中产生的电流的电流的代数和

　　B. 各电源单独作用时，其余电源为 0

C. 其他电源不作用指的是：理想电压源的开路，是理想电流源的短路

D. 电路中所有的电阻，包括电源的内阻均保持不变

9. 叠加定理适用于计算（　　）电路的（　　）。

　　A. 线性电路　　　　　B. 非线性电路　　　C. 电流、电压　　D. 电流、电压、功率

10. 反映复杂电路整体规律的基本定律是（　　）。

　　A. 叠加原理　　　　　B. 支路电流法　　　C. 基尔霍夫定律　　　D. 戴维南定理

四、问答题

1. 线性电路的线性性质指的是什么？

2. 转动万用表欧姆调零指针，无法调到零处，在 $R \times 1$ 挡更甚，分析其故障原因。

3. 画出 MF47 型指针式万用表以下功能的原理图，并分别说明其电路原理。

（1）直流电流挡；（2）直流电压挡；（3）电阻挡。

五、计算题

1. 如图 4-29 所示，已知 $E = 50\,\mathrm{V}$，$I = 20\,\mathrm{A}$，$R = 20\,\Omega$，求 A 点的电位。

2. 图 4-30 所示电路中，已知 $U_{ce} = 3\,\mathrm{V}$，$U_{cd} = 2\,\mathrm{V}$，若分别以 e 和 c 做参考点电位，求 c、d、e 三点的电位及 U_{ed}。

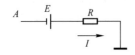
图 4-29　计算题 1 电路

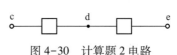
图 4-30　计算题 2 电路

3. 根据基尔霍夫定律，求图 4-31 所示电路中的电流 I_1 和 I_2。

4. 根据基尔霍夫定律求图 4-32 图所示电路中的电压 U_1、U_2 和 U_3。

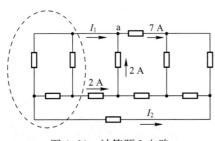
图 4-31　计算题 3 电路

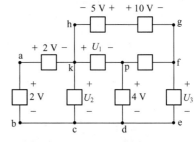
图 4-32　计算题 4 电路

5. 电路如图 4-33 所示，已知 $E_1 = 15\,\mathrm{V}$，$E_2 = 65\,\mathrm{V}$，$R_1 = 5\,\Omega$，$R_2 = R_3 = 10\,\Omega$。试用支路电流法求 R_1、R_2 和 R_3 三个电阻上的电压。

6. 试用支路电流法，求图 4-34 所示电路中的电流 I_1、I_2、I_3、I_4 和 I_5。（只列方程不求解）

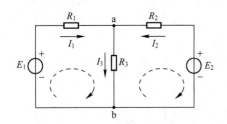
图 4-33　计算题 5 电路

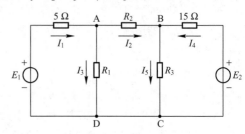
图 4-34　计算题 6 电路

7. 试计算图 4-35 所示电路中的电流 I。

8. 已知电路如图 4-36 所示。试应用叠加原理计算支路电流 I 和电流源的电压 U。

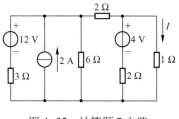

图 4-35　计算题 7 电路

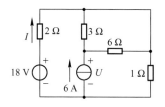

图 4-36　计算题 8 电路

9. 电路图 4-37 所示，试应用叠加原理，求电路中的电流 I_1、I_2 及 36 Ω 电阻消耗的电功率 P。

10. 电路如图 4-38 所示，试应用戴维南定理，求图中的电压 U。

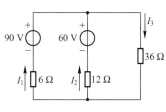

图 4-37　计算题 9 电路

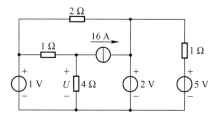

图 4-38　计算题 10 电路

任务 ⑤

➡ 单相正弦交流电路的分析与测试

荧光灯的发光效率高、光线柔和并且节能效果好，因此备受欢迎。随着技术的发展，电子镇流器式荧光灯已经普遍使用。而电感镇流器式荧光灯，因为高频辐射很小、价格便宜、制造工艺简单，也一直在使用中。我们可以在实训室里就地取材，安装一个荧光灯电路，对荧光灯电路相关的参数进行测量，了解荧光灯电路对电网谐波的影响。

学习目标

（1）学会使用交流电流表、电压表和功率表；
（2）掌握电感镇流器式荧光灯电路安装的基本技能；
（3）了解电感镇流器式荧光灯的工作原理；
（4）掌握测量交流电路中有功功率、功率因数的实验方法；
（5）掌握单相正弦交流电路中感性、容性负载电路的分析与计算方法；
（6）掌握 RC 串并联式正弦波振荡电路的工作原理、起振条件、稳幅原理及振荡频率的计算方法；
（7）了解交流电路中功率、功率因数的概念及提高功率因数的方法。

任务描述

以荧光灯电路安装为中心建立一个学习情境，将电感和电容的交流频率特性，单相交流电路感性负载的分析计算、感性电路并联电容提高功率因数、荧光灯电路的安装方法和单相交流电路功率测量等知识点与基本技能结合起来。

相关知识

一、正弦交流电的特征及表示方法

（一）交流电路概述

交流电与直流电的区别在于：直流电的方向、大小不随时间变化；而交流电的方向、大小都随时间做周期性的变化，并且在一周期内的平均值为零。图 5-1 所示为直流电和交流电的电流波形。

大小和方向随时间按照正弦规律变化的交流电称为正弦交流电，正弦电压和电流等物理量，常统称为正弦量。频率、幅值和初相位被称为确定正弦量的三要素。

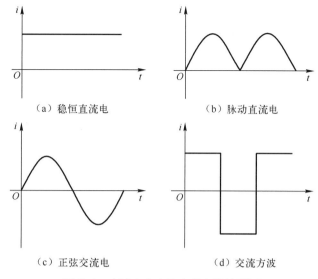

（a）稳恒直流电 （b）脉动直流电

（c）正弦交流电 （d）交流方波

图 5-1 直流电和交流电的电流波形图

（二）正弦交流电的三要素

以电流为例介绍正弦量的基本特征。依据正弦量的概念，设某支路中正弦电流 i 在选定参考方向下的瞬时值表达式为

$$i = I_m \sin(\omega t + \psi_i) \tag{5-1}$$

1. 瞬时值和最大值

把任意时刻正弦交流电的数值称为瞬时值，用小写字母表示，如 i、u 及 e 分别表示电流、电压及电动势的瞬时值。瞬时值有正、有负，也可能为零。

最大的瞬时值称为最大值（也叫幅值、峰值）。用带下标的小写字母表示。如 I_m、U_m 及 E_m 分别表示电流、电压及电动势的最大值。

【例 5-1】 已知某交流电压 $u = 220\sqrt{2}\sin(\omega t + \psi_u)$ V，这个交流电压的最大值为多少？

解 最大值为

$$U_m = 220\sqrt{2} \text{ V} \approx 311.1 \text{ V}$$

2. 频率与周期

正弦量变化一次所需的时间（s）称为周期 T，如图 5-2 所示。每秒内变化的次数称为频率 f，它的单位是赫〔兹〕（Hz）。

频率是周期的倒数，即

$$f = \frac{1}{T} \tag{5-2}$$

在我国和大多数国家都采用 50 Hz 作为电力标准频率，习惯上称为工频。

角频率是指交流电在 1 s 内变化的电角度。若交流电 1 s 内变化了 f 次，则可得角频率与频率的关系式为

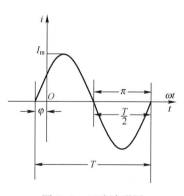

图 5-2 正弦波形图

$$\omega = \frac{2\pi}{T} = 2\pi f \tag{5-3}$$

【例 5-2】已知某正弦交流电压为 $u = 311\sin 314t$ V，求该电压的最大值、频率、角频率和周期各为多少？

解 由题意知

$$U_m = 311 \text{ V}, \omega = 314 \text{ rad/s}$$

$$f = \frac{\omega}{2\pi} = \frac{314}{2 \times 3.14} \text{ Hz} = 50 \text{ Hz}$$

$$T = \frac{1}{f} = \frac{1}{50} \text{ s} = 0.02 \text{ s}$$

3. 初相

$(\omega t + \psi)$ 称为正弦量的相位角或相位，它反映出正弦量变化的进程。$t = 0$ 时的相位角称为初相位角或初相位。规定初相的绝对值不能超过 π。如图 5-3 所示，图中 u 和 i 的波形可用下式表示：

$$u = U_m\sin(\omega t + \psi_u)$$

$$i = I_m\sin(\omega t + \psi_i)$$

（三）相位差

两个同频率正弦量的相位角之差或初相位角之差，称为相位差，用 φ 表示。

图 5-3 中电压 u 和电流 i 的相位差为

$$\varphi = (\omega t + \psi_u) - (\omega t + \psi_i) = \psi_u - \psi_i \tag{5-4}$$

若 $\psi_u > \psi_i$，则 u 较 i 先到达正的幅值。

在相位上 u 比 i 超前 φ 角，或者说 i 比 u 滞后 φ 角。

初相相等的两个正弦量，它们的相位差为零，这样的两个正弦量叫作同相。同相的两个正弦量同时到达零值，同时到达最大值，步调一致。如图 5-4 中的 i_1 和 i_2。两个正弦量在同一时刻到达零值，同一时刻一个到达正向最大值，一个到达负向最大值，这两个正弦量叫作反相，它们的相位差 φ 为 180°，如图 5-4 中的 i_1 和 i_3。

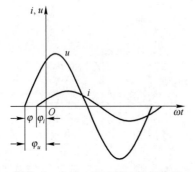

图 5-3 电压 u 和电流 i 的相位差

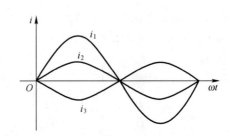

图 5-4 正弦量的同相与反相

上述关于相位关系的讨论，只是对同频率正弦量而言。而两个不同频率的正弦量，其相位差不再是一个常数，而是随时间变化的，在这种情况下讨论它们的相位关系是没有任何意义的。

【例 5-3】 设 $i_1 = 50\cos(\omega t + 60°)\,\mathrm{A}$，$i_2 = 10\sin(\omega t + 30°)\,\mathrm{A}$，问哪个电流滞后，滞后多少度？

解 正弦量之间求相位差必须满足两个条件：一是同频率，二是同名函数。故先将 i_1 变为正弦函数，再求相位差。

$$i_1 = 50\cos(\omega t + 60°)\,\mathrm{A} = 50\sin(90° + \omega t + 60°)\,\mathrm{A} = 50\sin(\omega t + 150°)\,\mathrm{A}$$

所以，i_1 与 i_2 的相位差为 $\varphi = \psi_{i_1} - \psi_{i_2} = 150° - 30° = 120° > 0$ 所以 i_2 滞后 i_1 120°。

（四）有效值

我们都知道交流电的大小是变化的，若用最大值衡量它的大小显然夸大了它们的作用，而随意用某个瞬时值表示又肯定是不准确的。如何用某个数值准确地描述交流电的大小呢？人们往往通过电流的热效应来确定。把一个交流电 i 与直流电 I 分别通过两个相同的电阻，如果在相同的时间内产生的热量相等，则这个直流电 I 的数值就叫作交流电 i 的有效值。有效值的表示方法与直流电相同，即用大写字母 U、I 分别表示交流电的电压与电流的有效值，但其本质与直流电不同。

直流电 I 通过电阻 R 在一个周期 T 内所产生的热量为

$$Q = I^2 R T$$

交流电 i 通过电阻 R 在一个周期 T 内所产生的热量为

$$Q = \int_0^T i^2 R \mathrm{d}t$$

由于产生的热量相等，所以交流电流的有效值为

$$I = \sqrt{\frac{1}{T} \int_0^T i^2 R \mathrm{d}t} \tag{5-5}$$

将 $i = I_\mathrm{m}\sin(\omega t + \psi_i)$ 代入上式并整理得

$$I = \frac{I_\mathrm{m}}{\sqrt{2}} \approx 0.707 I_\mathrm{m} \tag{5-6}$$

同理可得

$$U = \frac{U_\mathrm{m}}{\sqrt{2}} \approx 0.707 U_\mathrm{m} \tag{5-7}$$

式（5-6）、式（5-7）说明正弦量的有效值是最大值的 $\dfrac{1}{\sqrt{2}}$（约 0.707）。一般所讲的正弦电压或电流都指的是有效值。所以我们说照明电的 220 V 是交流电的有效值，不是瞬时值也不是最大值。同样，交流电器设备的铭牌上所标的电压、电流都是有效值。一般交流电压表、电流表的标尺也是按有效值刻度的。例如，"220 V、60 W"的荧光灯，是指它的额定电压的有效值为 220 V。如不加说明，交流量的大小皆指有效值。

【例 5-4】 已知某正弦电压在 $t = 0$ 时为 $110\sqrt{2}\,\mathrm{V}$，初相角为 30°，求其有效值。

解 此正弦电压表达式为

$$u = U_\mathrm{m}\sin(\omega t + 30°)$$

则

$$u(0) = U_\mathrm{m}\sin 30°$$

$$U_\mathrm{m} = \frac{u(0)}{\sin 30°} = \frac{110\sqrt{2}}{0.5}\,\mathrm{V} = 220\sqrt{2}\,\mathrm{V}$$

$$U = \frac{U_\mathrm{m}}{\sqrt{2}} = \frac{220\sqrt{2}}{\sqrt{2}}\,\mathrm{V} = 220\,\mathrm{V}$$

（五）正弦量的相量表示法

1. 复数及其表达式

1）复数的实部、虚部和模

$\sqrt{-1}$ 叫作虚单位，数学上用 i 来代表它，因为在电工中 i 代表电流，所以改用 j 代表虚单位，即 j= $\sqrt{-1}$ 。

如图 5-5 所示，有向线段 A 可用下面的复数表示为 $A=a+jb$ 。

由图 5-5 可见，$r=\sqrt{a^2+b^2}$ ，r 表示复数的大小，称为复数的模。有向线段与实轴正方向间的夹角称为复数的辐角，用 φ 表示，规定辐角的绝对值小于 180°。

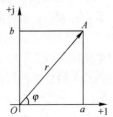

图 5-5　向线段的复数表示

2）复数的表达方式

复数的直角坐标式

$$A=a+jb=\cos\varphi+jr\sin\varphi=r(\cos\varphi+j\sin\varphi) \qquad (5-8)$$

复数的指数式

$$A=re^{j\varphi} \qquad (5-9)$$

复数的极坐标式

$$A=r\angle\varphi \qquad (5-10)$$

实部相等、虚部大小相等而异号的两个复数称为共轭复数。用 A^* 表示 A 的共轭复数，则有 $A=a+jb$ ，$A^*=a-jb$ 。

【例 5-5】 写出下列复数的直角坐标形式。

（1）$5\angle48°$；（2）$1\angle90°$；（3）$5.5\angle-90°$。

解

（1）$5\angle48°=5\cos48°+j5\sin48°=3.35+j3.72$；

（2）$1\angle90°=\cos90°+j\sin90°=j$；

（3）$5.5\angle-90°=5.5\cos(-90°)+j5.5\sin(-90°)=-j5.5$。

2. 复数的运算

1）复数的加减

若两个复数相加减，可用直角坐标式进行，如

$$A_1=a_1+jb_1, A_2=a_2+jb_2$$
$$A_1\pm A_2=(a_1+jb_1)\pm(a_2+jb_2)=(a_1\pm a_2)+j(b_1\pm b_2) \qquad (5-11)$$

即几个复数相加或相减就是把它们的实部和虚部分别相加减。

复数与复平面上的有向线段（矢量）对应，复数的加减与表示复数的有向线段（矢量）的加减相对应，并且复平面上矢量的加减可用对应的复数相加减来计算，如图 5-6 所示。

2）复数的乘除

两个复数进行乘除运算时，可将其化为指数式或极坐标式来进行。如

$$A_1=a_1+jb_1=r_1\angle\varphi_1$$
$$A_2=a_2+jb_2=r_2\angle\varphi_2 \qquad (5-12)$$

$$\frac{A_1}{A_2}=\frac{r_1\angle\varphi_1}{r_2\angle\varphi_2}=\frac{r_1}{r_2}\angle(\varphi_1-\varphi_2)$$

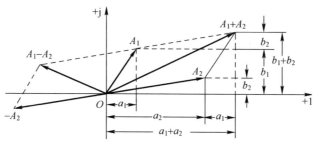

图 5-6　矢量和与矢量差

如将复数 $A_1 = re^{j\varphi}$ 乘以另一个复数 $e^{j\alpha}$，则得

$$A_2 = re^{j\varphi}e^{j\alpha} = e^{j(\varphi+\alpha)} \tag{5-13}$$

同理，如以 $e^{-j\alpha}$ 除复数 $A_1 = re^{j\varphi}$，则得 $A_3 = re^{j(\varphi-\alpha)}$。即使原矢量顺时针旋转了 α 角，就是矢量 A_3 比矢量 A_1 滞后了 α 角。当 $\alpha = 90°$ 时，则 $e^{\pm j90°} = \cos 90° \pm j\sin 90° = \pm j$，因此任意一个相量乘上 +j 后，即逆时针（向前）旋转了 90°；乘上 -j 后，即顺时针（向后）旋转了 90°。所以，j 称为旋转 90° 的旋转因子。

3. 正弦量的相量表示法

一个正弦量可以表示为

$$u = U_m\sin(\omega t + \varphi)$$

$$\dot{U}_m = U_m(\cos\varphi + j\sin\varphi) = U_m e^{j\varphi} = U_m\angle\varphi$$

或

$$\dot{U} = U(\cos\varphi + j\sin\varphi) = Ue^{j\varphi} = U\angle\varphi \tag{5-14}$$

式中：$\dot{U}_m$——电压的幅值相量；

$\dot{U}$——电压的有效值相量。

为了与一般的复数相区别，我们把表示正弦量的复数称为相量，并在大写字母上打"·"表示。按照正弦量的大小和相位关系用初始位置的有向线段画出的若干个相量的图形，称为相量图。表示正弦量的相量有两种形式：相量图（图 5-7）和复数式（相量式）。

图 5-7　电压和电流的相量图

【例 5-6】试写出表示 $u_A = 220\sqrt{2}\sin 314t$ V，$u_B = 220\sqrt{2}\sin(314t-120°)$ V 和 $u_C = 220\sqrt{2}\sin(314t+120°)$ V 的相量，并画出相量图。

解　分别用有效值相量 $\dot{U}_A$、$\dot{U}_B$ 和 $\dot{U}_C$ 表示 u_A、u_B 和 u_C 的相量，则

$$\dot{U}_A = 220\angle 0°V = 220V$$

$$\dot{U}_B = 220\angle -120°V = 220\left(-\frac{1}{2} - j\frac{\sqrt{3}}{2}\right)V$$

$$\dot{U}_C = 220\angle 120°V = 220\left(-\frac{1}{2} + j\frac{\sqrt{3}}{2}\right)V$$

相量图如图 5-8 所示。

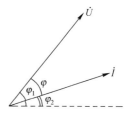

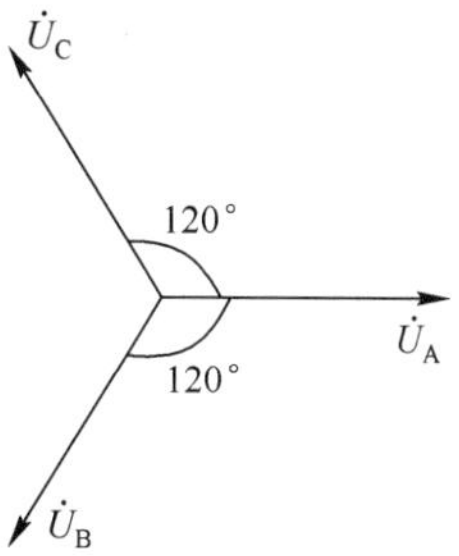

图 5-8　例 5-6 相量图

二、单一参数正弦交流电路

（一）纯电阻电路

1. 元件上电压和电流关系

纯电阻电路是最简单的交流电路，如图 5-9 所示。在日常生活和工作中接触到的白炽灯、电炉、电烙铁等，都属于电阻性负载，它们与交流电源连接组成纯电阻电路。

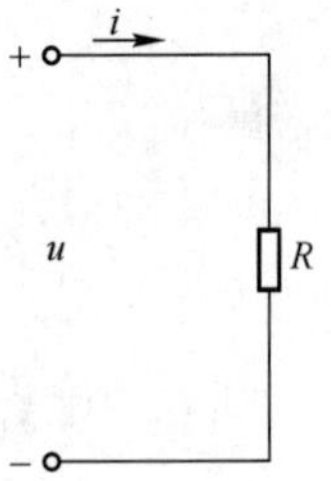

设电阻两端电压为

$$u(t) = U_m \sin \omega t$$

则

$$i(t) = \frac{u(t)}{R} = \frac{U_m}{R}\sin \omega t = I_m \sin \omega t$$

图 5-9　纯电阻
元件交流电路

比较电压和电流的关系式可见：电阻两端电压 u 和电流 i 的频率相同，电压与电流的有效值（或最大值）的关系符合欧姆定律，而且电压与电流同相（相位差 $\varphi = 0$）。它们在数值上满足关系式

$$U = RI$$

或

$$I = \frac{U}{R} \tag{5-15}$$

表示电阻电压、电流的波形如图 5-10 所示。

用相量表示电压与电流的关系为

$$\dot{U} = R\dot{I} \tag{5-16}$$

电阻元件的电流、电压相量图如图 5-11 所示。

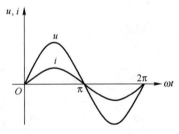

图 5-10　电阻电压电流的波形图

图 5-11　电阻电路电压与电流的相量图

2. 电阻元件的功率

1）瞬时功率

电阻中某一时刻消耗的电功率叫作瞬时功率，它等于电压 u 与电流 i 瞬时值的乘积，并用小写字母 p 表示。

$$p = p_R = ui = U_m I_m \sin^2 \omega t = U_m I_m \frac{1 - \cos 2\omega t}{2} = UI(1 - \cos 2\omega t)$$

在任何瞬时，恒有 $p \geq 0$，说明电阻只要有电流就消耗能量，将电能转为热能，它是一种耗能元件。

2）平均功率

工程中常用瞬时功率在一个周期内的平均值表示功率，称为平均功率，用大写字母 P 表示。

$$P = \frac{U_m I_m}{2} = UI = I^2 R = \frac{U^2}{R} \tag{5-17}$$

表达方式与直流电路中电阻功率的形式相同，但式中的 U、I 不是直流电压、电流，而是正弦交流电的有效值。

【例5-7】在图5-9电路中 $R = 10\,\Omega$，$u_R = 10\sqrt{2}\sin(\omega t + 30°)$ V，求电流 i 的瞬时值表达式、相量表达式和平均功率 P。

解 由 $u_R = 10\sqrt{2}\sin(\omega t + 30°)$ V 得

$$\dot{U}_R = 10\angle 30°\,\text{V}$$

$$\dot{I} = \frac{\dot{U}_R}{R} = \frac{10\angle 30°}{10}\,\text{A} = 1\angle 30°\,\text{A}$$

$$i = \sqrt{2}\sin(\omega t + 30°)\,\text{A}$$
$$P = U_R I = 10 \times 1\,\text{W} = 10\,\text{W}$$

（二）纯电感电路

1. 电感元件的电压和电流关系

纯电感线圈电路如图5-12所示。

设电路正弦电流为

$$i = I_m \sin\omega t$$

在电压、电流关联参考方向下，电感元件两端电压为

$$u = L\frac{\mathrm{d}i}{\mathrm{d}t} = \omega L I_m \cos\omega t = \omega L I_m \sin(\omega t + 90°) = U_m \sin(\omega t + 90°)$$

比较电压和电流的关系式可见：电感两端电压 u 和电流 i 也是同频率的正弦量，电压的相位超前电流 $90°$，电压与电流在数值上满足关系式

$$U_m = \omega L I_m$$

或

$$\frac{U_m}{I_m} = \frac{U}{I} = \omega L \tag{5-18}$$

表示电感电压、电流的波形如图5-13所示。

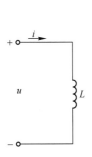

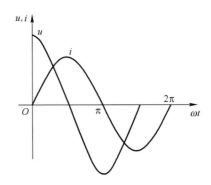

图5-12　纯电感元件交流电路图　　　　图5-13　电感元件电压与电流的波形图

2. 感抗的概念

电感具有对交流电流起阻碍作用的物理性质，所以称为感抗，用 X_L 表示，即

$$X_\mathrm{L} = \omega L = 2\pi f L \tag{5-19}$$

感抗表示线圈对交流电流阻碍作用的大小。当 $f=0$ 时，$X_\mathrm{L}=0$，表明线圈对直流电流相当于短路。这就是线圈本身所固有的"直流畅通，高频受阻"作用。

用相量表示电压与电流的关系为

$$\dot{U} = \mathrm{j} X_\mathrm{L} \dot{I} = \mathrm{j} \omega L \dot{I} \tag{5-20}$$

电感元件的电压、电流相量图如图 5-14 所示。

3. 电感元件的功率

1）瞬时功率

纯电感电路瞬时功率的波形图如图 5-15 所示。

$$p = p_\mathrm{L} = ui = U_\mathrm{m} \sin(\omega t + 90°) I_\mathrm{m} \sin \omega t = \frac{1}{2} U_\mathrm{m} I_\mathrm{m} \sin 2\omega t$$

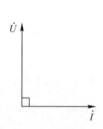

图 5-14　电感电路相量图

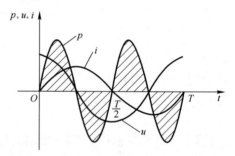

图 5-15　纯电感电路瞬时功率的波形图

2）平均功率

纯电感条件下电路中仅有能量的交换而没有能量的损耗，即

$$P_\mathrm{L} = 0$$

工程中为了表示能量交换的规模大小，将电感瞬时功率的最大值定义为电感的无功功率，简称感性无功功率，用 Q_L 表示，即

$$Q_\mathrm{L} = UI = I^2 X_\mathrm{L} = \frac{U^2}{X_\mathrm{L}} \tag{5-21}$$

Q_L 的基本单位是乏（var）。

【例 5-8】把一个电感量为 0.35H 的线圈接到 $u = 220\sqrt{2} \sin(100\pi t + 60°)$ V 的电源上，求线圈中电流瞬时值表达式。

解　由线圈两端电压的解析式

$$u = 220\sqrt{2} \sin(100\pi t + 60°) \text{ V}$$

可以得到　　　　　　$U = 220 \text{ V}, \omega = 100\pi \text{ rad/s}, \varphi = 60°,$

$$\dot{U} = 220 \angle 60° \text{V}$$

$$X_\mathrm{L} = \omega L = (100 \times 3.14 \times 0.35) \ \Omega \approx 110 \ \Omega$$

$$\dot{I}_L = \frac{\dot{U}_L}{jX_L} = \left(\frac{220 \angle 60°}{1 \angle 90° \times 110} \right) A = 2 \angle (-30°) A$$

因此通过线圈的电流瞬时值表达式为

$$i = 2\sqrt{2} \sin \left(100\pi t - \frac{\pi}{6} \right) A$$

（三）纯电容电路

1. 元件的电压和电流关系

如果在电容 C 两端加一正弦电压 $u = U_m \sin \omega t$，如图 5-16 所示，则

$$i = C \frac{du}{dt} = CU_m \frac{d}{dt} (\sin \omega t)$$

$$= \omega CU_m \cos \omega t = \omega CU_m \sin (\omega t + 90°)$$

$$= I_m \sin (\omega t + 90°)$$

比较电压和电流的关系式可见：电容两端电压 u 和电流 i 也是同频率的正弦量，电流的相位超前电压 $90°$，图 5-17 为电容电压、电流波形图。电压与电流在数值上满足关系式

$$I_m = \omega CU_m$$

或

$$\frac{U_m}{I_m} = \frac{U}{I} = \frac{1}{\omega C} \tag{5-22}$$

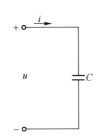

图 5-16　纯电容交流电路

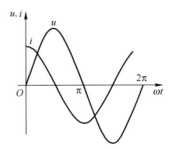

图 5-17　电容电压电流波形图

2. 容抗的概念

电容具有对交流电流起阻碍作用的物理性质，所以称为容抗，用 X_C 表示，即

$$X_C = \frac{1}{\omega C} = \frac{1}{2\pi f C} \tag{5-23}$$

电容元件对高频电流所呈现的容抗很小，相当于短路；而当频率 f 很低或 $f = 0$（直流）时，电容就相当于开路。这就是电容的"隔直通交"作用。

用相量表示电压与电流的关系为

$$\dot{U} = -jX_C \dot{I} = j \frac{\dot{I}}{\omega C} = \frac{\dot{I}}{j\omega C} \tag{5-24}$$

电容元件的电压、电流相量图如图 5-18 所示。

3. 电容元件的功率

1）瞬时功率

图 5-19 为电容瞬时功率的波形图，其表达式为

$$p = p_C = ui = U_\mathrm{m}\sin\omega t \cdot I_\mathrm{m}\sin\left(\omega t + \frac{\pi}{2}\right)$$

$$= U_\mathrm{m}I_\mathrm{m}\sin\omega t\cos\omega t \qquad (5-25)$$

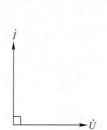

图 5-18　电容电路相量图

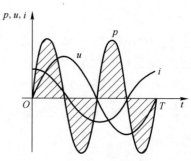

图 5-19　电容瞬时功率的波形图

2）平均功率

由图 5-19 可见，纯电容元件的平均功率

$$P = 0$$

为了表示能量交换的规模大小，将电容瞬时功率的最大值定义为电容的无功功率，或称容性无功功率，用 Q_C 表示，即

$$Q_C = UI = I^2 X_C = \frac{U^2}{X_C} \ （单位：var） \qquad (5-26)$$

【例 5-9】把电容量为 40 μF 的电容器接到交流电源上，通过电容器的电流 $i = 2.75 \times \sqrt{2} \cdot \sin(314t + 30°)$ A，试求电容器两端的电压瞬时值表达式。

解　由通过电容器的电流解析式

$$i = 2.75 \times \sqrt{2}\sin(314t + 30°) \text{A}$$

可知

$$I = 2.75\text{A}, \quad \omega = 314\,\text{rad/s}, \quad \varphi = 30°$$

则

$$\dot{I} = 2.75\angle 30°\text{A}$$

电容器的容抗为

$$X_C = \frac{1}{\omega C} = \frac{1}{314 \times 40 \times 10^{-6}}\Omega \approx 80\,\Omega$$

$$\dot{U} = -\mathrm{j}X_C\dot{I} = 1\angle(-90°) \times 80 \times 2.75\angle 30°\text{V} = 220\angle(-60°)\ \text{V}$$

电容器两端电压瞬时表达式为

$$u = 220\sqrt{2}\sin(314t - 60°)\ \text{V}$$

三、RLC 串联电路分析

1. RLC 串联电路的电压电流关系

RLC 串联电路如图 5-20 所示，其相量图如图 5-21 所示。根据 KVL 可列出：

$$u = u_R + u_L + u_C$$

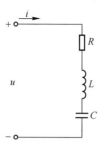

图 5-20　RLC 串联电路图

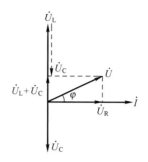

图 5-21　RLC 串联电路相量图

设电路中的电流为

$$i = I_m \sin\omega t$$

则电阻元件上的电压 u_R 与电流同相，即

$$u_R = R I_m \sin\omega t = U_{Rm} \sin\omega t$$

电感元件上的电压 u_L 比电流超前 90°，即

$$u_L = \omega L I_m \sin(\omega t + 90°) = U_{Lm} \sin(\omega t + 90°)$$

电容元件上的电压 u_C 比电流滞后 90°，即

$$u_C = \frac{I_m}{\omega C} \sin(\omega t - 90°) = U_{Cm} \sin(\omega t - 90°)$$

电源电压为

$$u = u_R + u_L + u_C = U_m \sin(\omega t + \varphi)$$

由电压相量所组成的直角三角形称为电压三角形，利用这个电压三角形，可求得电源电压的有效值，如图 5-22 所示，即

$$U = \sqrt{U_R^2 + (U_L - U_C)^2} = \sqrt{(RI)^2 + (X_L I - X_C I)^2} = I\sqrt{R^2 + (X_L - X_C)^2} \tag{5-27}$$

2. 电路中的阻抗及相量图

电路中电压与电流的有效值（或幅值）之比为 $\sqrt{R^2 + (X_L - X_C)^2}$。它的单位也是 Ω，也具有对电流起阻碍作用的性质，称它为电路的阻抗模，用 $|Z|$ 代表，即

$$|Z| = \sqrt{R^2 + (X_L - X_C)^2} = \sqrt{R^2 + \left(\omega L - \frac{1}{\omega C}\right)^2} \tag{5-28}$$

$|Z|$、R、$(X_L、X_C)$ 三者之间的关系也可用一个直角三角形（阻抗三角形）来表示，如图 5-23 所示。

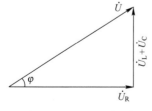

图 5-22　电压三角形

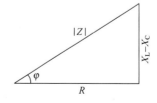

图 5-23　阻抗三角形

电源电压 u 与电流 i 之间的相位差也可从电压三角形得出，即

$$\varphi = \arctan \frac{U_L - U_C}{U_R} = \arctan \frac{X_L - X_C}{R} \qquad (5-29)$$

用相量表示电压与电流的关系为

$$\dot{U} = \dot{U}_R + \dot{U}_L + \dot{U}_C = R\dot{I} + jX_L\dot{I} - jX_C\dot{I}$$
$$= [R + j(X_L - X_C)]\dot{I}$$

将上式写成

$$\frac{\dot{U}}{\dot{I}} = R + j(X_L - X_C)$$

式中，$R + j(X_L - X_C)$ 称为电路的阻抗，用大写的 Z 表示，即

$$Z = R + j(X_L - X_C) = \sqrt{R^2 + (X_L - X_C)^2} \, e^{j\arctan\frac{X_L - X_C}{R}} = |Z| e^{j\varphi}$$

阻抗的辐角即为电流与电压之间的相位差。对感性电路，φ 为正；对容性电路，φ 为负。

四、正弦交流电路中的功率及功率因数的提高

电类设备及其负载都要提供或吸收一定的功率。例如，某台变压器提供的容量为 $250\,kV\cdot A$，某台电动机的额定功率为 $2.5\,kW$，一盏白炽灯的功率为 $60\,W$，等等。由于电路中负载性质的不同，它们的功率性质及大小也各自不一样。前面所提到的感性负载就不一定全部都吸收或消耗能量。所以要对电路中的不同功率进行分析。

电力系统中的负载大多是呈感性的。这类负载不单只消耗电网能量，还要占用电网能量，这是我们所不希望的。荧光灯负载内带有电容器就是为了减小感性负载占用电网的能量。这种利用电容来达到减小占用电网能量的方法称为无功补偿法，也就是后面提到的提高功率因数的方法。

（一）正弦交流电路中的功率

1. 瞬时功率

如图 5-24 所示，若通过负载的电流为 $i = I_m \sin \omega t$，则负载两端的电压为 $u = U_m \sin(\omega t + \varphi)$，其参考方向如图 5-24 所示。在电流、电压关联参考方向下，瞬时功率

$$p = ui = U_m \sin(\omega t + \varphi) I_m \sin \omega t = UI\cos\varphi - UI\cos(2\omega t + \varphi) \qquad (5-30)$$

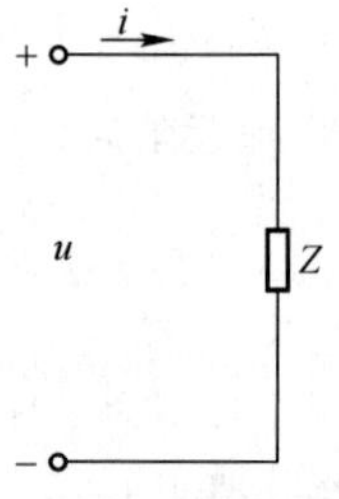

2. 平均功率（有功功率）

将一个周期内瞬时功率的平均值称为平均功率，也称为有功功率，有功功率为

$$P = UI\cos\varphi \qquad (5-31)$$

图 5-24 交流电路中的功率

3. 无功功率

电路中的电感元件与电容元件要与电源之间进行能量交换，根据电感元件、电容元件的无功功率，考虑到 $\dot{U}_L$ 与 $\dot{U}_C$ 相位相反，于是

$$Q = (U_L - U_C)I = (X_L - X_C)I^2 = UI\sin\varphi \qquad (5-32)$$

在既有电感又有电容的电路中，总的无功功率为 Q_L 与 Q_C 的代数和，即

$$Q = Q_L + Q_C$$

4. 视在功率

用额定电压与额定电流的乘积来表示视在功率，即

$$S = UI \tag{5-33}$$

视在功率常用来表示电器设备的容量，其单位为 V·A。视在功率不是表示交流电路实际消耗的功率，而只能表示电源可能提供的最大功率，或指某设备的容量。

5. 功率三角形

将交流电路表示电压间关系的电压三角形的各边乘以电流 I 即成为功率三角形，如图 5-25 所示。

由功率三角形可得到 P、Q、S 三者之间的关系如下：

$$P = UI\cos \varphi, Q = UI\sin \varphi, S = \sqrt{P^2 + Q^2} \tag{5-34}$$

$$\varphi = \arctan \frac{Q}{P}$$

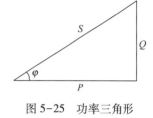

图 5-25　功率三角形

6. 功率因数

功率因数 $\cos \varphi$，其大小等于有功功率与视在功率的比值，在电工技术中，一般用 λ 表示。

【例 5-10】 已知电阻 $R = 30\,\Omega$，电感 $L = 328\,\text{mH}$，电容 $C = 40\,\mu\text{F}$，串联后接到电压 $u = 220\sqrt{2} \cdot \sin(314t + 30°)$ V 的电源上。求电路的 P、Q 和 S。

解　电路的阻抗

$$Z = R + j(X_L - X_C) = 30 + j\left(314 \times 382 \times 10^{-3} - \frac{1}{314 \times 40 \times 10^{-6}}\right)\ \Omega$$

$$= 30 + j(120 - 80)\ \Omega = (30 + j40)\ \Omega = 50 \angle 53.1°\ \Omega$$

电压相量

$$\dot{U} = 220 \angle 30°\ \text{V}$$

因此电流相量为

$$\dot{I} = \frac{\dot{U}}{Z} = \frac{220 \angle 30°}{50 \angle 53.1°}\ \text{A} = 4.4 \angle -23.1°\ \text{A}$$

电路的平均功率为

$$P = UI\cos \varphi = (220 \times 4.4 \angle 53.1°)\ \text{W} \approx 58\ \text{W}$$

电路的无功功率为

$$Q = UI\sin \varphi = (220 \times 4.4\sin 53.1°)\ \text{var} \approx 774\ \text{var}$$

电路的视在功率为

$$S = UI = (220 \times 4.4)\ \text{V·A} = 968\ \text{V·A}$$

由上可见，$\varphi > 0$，电压超前电流，因此电路为感性。

（二）功率因数的提高

1. 提高功率因数的意义

从功率三角形中可以看出

$$\lambda = \cos \varphi = \frac{P}{S} \tag{5-35}$$

可见，正弦交流电路的功率因数等于有功功率与视在功率的比值。因此，电路的功率因数能够表示出电路实际消耗功率占电源功率容量的百分比。

在交流电力系统中，负载多为感性负载。例如，常用的感应电动机，接上电源时要建立磁场，除了需要从电源取得有功功率外，还要由电源取得磁场的能量，并与电源做周期性的能量交换。在交流电路中，负载从电源接受的有功功率 $P = UI\cos\varphi$，显然与功率因数有关，功率因数过低会引起不良后果。

负载的功率因数低，使电源设备的容量不能充分利用。因为电源设备（发电机、变压器等）是依照其额定电压与额定电流设计的。例如一台容量 $S = 100\,\mathrm{kV \cdot A}$ 的变压器，若负载的功率因数 $\lambda = 1$，则此变压器就能输出 $100\,\mathrm{kW}$ 的有功功率；若 $\lambda = 0.6$ 时，则此变压器只能输出 $60\,\mathrm{kW}$，也就是说变压器的容量未能充分利用。

在一定的电压 U 下，向负载输送一定的有功功率 P 时，负载的功率因数越低，输电线路的电压降和功率损失越大。这是因为输电线路电流 $I = P/(U\cos\varphi)$，当 $\lambda = \cos\varphi$ 较小时，I 必然较大，从而输电线路上的电压降也要增加，因电源电压一定，所以负载的端电压将减少，这要影响负载的正常工作。从另一方面看，电流 I 增加，输电线路中的功率损耗也要增加。因此，提高负载的功率因数对合理科学地使用电能以及对国民经济发展都有着重要的意义。

常用的感应电动机在空载时的功率因数为 $0.2 \sim 0.3$，在轻载时只有 $0.4 \sim 0.5$，而在额定负载时为 $0.83 \sim 0.85$，不装电容器的荧光灯，功率因数为 $0.45 \sim 0.6$，应设法提高这类感性负载的功率因数，以降低输电线路电压降和功率损耗。

2. 提高功率因数的方法

提高功率因数，常用的方法是在感性负载的两端并联电容器。其电路图和相量图如图 5-26 所示。

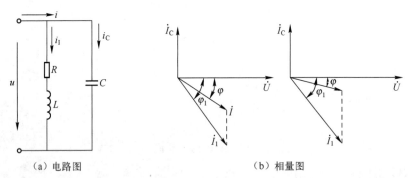

（a）电路图   （b）相量图

图 5-26　感性负载的两端并联电容器图

在感性负载 RL 支路上并联电容器 C 后，流过负载支路的电流、负载本身的功率因数及电路中消耗的有功功率也不变，即

$$I_1 = \frac{U}{\sqrt{R^2 + X_L^2}}, \cos\varphi_1 = \frac{R}{\sqrt{R^2 + X_L^2}}$$

$$P = RI_1^2 = UI\cos\varphi_1$$

但总电压 u 与总电流 i 的相位差 φ 减小了，总功率因数 $\cos\varphi$ 增大了。这里所讲的功率因数是指电源或电网的功率因数提高，而不是提高某个感性负载的功率因数。其次，由相量图

可见，并联电容器以后线路电流也减小了，因而减小了功率损耗。

【例 5-11】 有一电感性负载，其功率 $P = 10\text{ kW}$，功率因数 $\cos\varphi_1 = 0.6$，接在电压 $U = 220\text{ V}$ 的电源上，电源频率 $f = 50\text{ Hz}$。

（1）如要将功率因数提高到 $\cos\varphi_1 = 0.95$，试求与负载并联的电容器的电容值和电容器并联前后的线路电流；

（2）如要将功率因数从 0.95 再提高到 1，试问并联电容器的电容值还需增加多少？

解 计算并联电容器的电容值，可从相量图导出一个公式：

$$I_C = I_1 \sin\varphi - I \sin\varphi$$

$$= \left(\frac{P}{U\cos\varphi_1}\right)\sin\varphi_1 - \left(\frac{P}{U\cos\varphi}\right)\sin\varphi$$

$$= \frac{P}{U}(\tan\varphi_1 - \tan\varphi)$$

又因为

$$I_C = \frac{U}{X_C} = U\omega C$$

所以

$$U\omega C = \frac{P}{U}(\tan\varphi_1 - \tan\varphi)$$

（1）因为 $\cos\varphi_1 = 0.6$，$\varphi_1 \approx 53°$；$\cos\varphi = 0.95$，$\varphi \approx 18°$。因此所需电容值为

$$C = \frac{P}{\omega U^2}(\tan\varphi_1 - \tan\varphi) = \frac{10\times10^3}{2\pi\times50\times220^2}(\tan53° - \tan18°)\,\mu\text{F} \approx 656\,\mu\text{F}$$

电容并联前的线路电流（负载电流）为

$$I_1 = \frac{P}{U\cos\varphi_1} = \frac{10\times10^3}{220\times0.6}\text{A} \approx 75.6\text{ A}$$

并联电容后的线路电流为

$$I = \frac{P}{U\cos\varphi} = \frac{10\times10^3}{220\times0.95}\text{A} \approx 47.8\text{ A}$$

（2）若要将功率因数由 0.95 再提高到 1，则需要增加的电容值为

$$C = \frac{P}{\omega U^2}(\tan\varphi_1 - \tan\varphi) = \frac{10\times10^3}{2\pi\times50\times220^2}(\tan18° - \tan0°)\,\mu\text{F} \approx 213.6\,\mu\text{F}$$

五、RC 正弦波振荡电路

在工业、农业、生物医学等领域内，如高频感应加热、熔炼，超声波焊接，超声诊断，核磁共振成像等，都需要功率或大或小、频率或高或低的振荡器。可见，正弦波振荡电路在各个科学技术领域的应用是十分广泛的，其中采用 RC 选频网络构成的振荡电路称为 RC 振荡电路，它适用于低频振荡，一般用于产生 1 Hz～1 MHz 的低频信号。

（一）RC 正弦波振荡电路的电路组成

RC 振荡电路有很多种：桥式、移相式、双 T 形，最常用的是桥式振荡电路（见图 5-27），它具有波形好，振幅稳定，频率调节方便等优点。在分析正弦波振荡电路时，关键是了解选频网络的频率特性，这样才能进一步理解振荡电路的工作原理。

RC 桥式振荡电路的电路结构如图 5-27 所示，其中放大电路由集成运算放大电路组成；R_1 和 R_f 构成负反馈支路；RC 串联和 RC 并联组成网络，构成正反馈支路。上述两个反馈支路正好形成电桥的四个桥臂，故称之为 RC 桥式振荡电路。RC 串并联网络来实现正反馈和选频。

（二）RC 串并联选频网络的选频特性

由 R、C 组成的串并联选频网络如图 5-28 所示，它在 RC 串并联正弦波振荡电路中作为具有选频特性的正反馈网络。

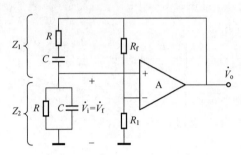
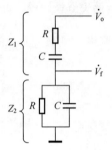

图 5-27　RC 桥式振荡电路　　　　图 5-28　RC 串并联选频网络

102

由图 5-28 可得 RC 串并联选频网络的反馈系数 F_v 为

$$Z_1 = R + \frac{1}{sC} = \frac{1+sCR}{sC}$$

$$Z_2 = \frac{R \cdot \frac{1}{sC}}{R + \frac{1}{sC}} = \frac{R}{1+sCR}$$

$$\dot{F}_v(s) = \frac{V_f(s)}{V_o(s)} = \frac{Z_2}{Z_1 + Z_2}$$

$$= \frac{sCR}{1+3sCR+(sCR)^2}$$

式中

$$s = j\omega$$

由 $\omega_0 = \dfrac{1}{RC}$，可得到：

$$\dot{F}_v = \frac{1}{3+j\left(\dfrac{\omega}{\omega_0} - \dfrac{\omega_0}{\omega}\right)} \tag{5-36}$$

根据式（5-36）可得 RC 串并联选频网络的幅频特性和相频特性分别为

$$F_v = \frac{1}{\sqrt{3^2 + \left(\dfrac{\omega}{\omega_0} - \dfrac{\omega_0}{\omega}\right)^2}} \tag{5-37}$$

$$\varphi_f = -\arctan\left(\frac{\omega}{3\omega_0} - \frac{\omega_0}{3\omega}\right) \tag{5-38}$$

做出幅频特性曲线和相频特性曲线，如图 5-29 所示。由图可见，当 $\omega=\omega_0=\dfrac{1}{RC}$ 或 $f=f_0=$

$\dfrac{1}{2\pi RC}$ 时，幅频响应有最大值 $F_{\text{vmax}}=1/3$，相移 $\varphi_{\text{f}}=0$，输出电压与输入电压同相，所以 RC 串并联选频网络有选频作用。

（三）RC 振荡电路起振条件

输出电压与输入电压相同，其闭环放大倍数为 $1+\dfrac{R_{\text{f}}}{R_1}$。对于 RC 串并联选频网络，根据幅值平衡条件，当 $\omega=\omega_0$ 时，幅频特性达到最大值并等于 1/3，相移为 0，所以只要闭环放大倍数大于 3，振荡电路就能满足自激振荡的振幅和相位起振条件，产生自激振荡。

（四）RC 振荡电路振荡频率

由于同相比例放大电路的输出阻抗可视为 0，而输入阻抗远比 RC 串并联网络的阻抗大得多。因此，电路的振荡频率可以认为只由串并联网络选频特性的参数 R 和 C 决定，即

$$f_0=\frac{1}{2\pi RC} \tag{5-39}$$

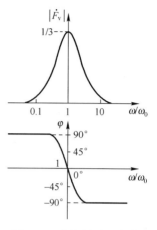

图 5-29　幅频响应，相频相应变化曲线

（五）稳幅措施

因为开始振荡以后，振荡器的振幅会不断增加，又由于受运算放大器最大输出电压的限制，输出波形将产生失真。为此，实际电路只要设法使输出电压的幅值增大到一定程度，降低放大倍数，就可以达到稳定输出幅度的目的。

通常利用二极管和稳压管的非线性特性，场效应管的可变电阻性以及热敏电阻等非线性特性，来自动地稳定振荡器输出的幅值。

【例 5-12】图 5-30 所示为实用 RC 桥式振荡电路，其中 R 为 $8.2\,\text{k}\Omega$，C 为 $0.01\,\mu\text{F}$。

（1）求振荡频率 f_0。

（2）说明二极管 D_1 和 D_2 的作用。

（3）说明 R_2 如何调节。

解　（1）由式（5-39），可求得振荡频率：

$$\begin{aligned}
f_0 &= \frac{1}{2\pi RC} \\
&= \left(\frac{1}{2\pi\times 8.2\times 10^3}\times\frac{1}{0.01\times 10^{-6}}\right)\text{Hz} \\
&= 1.94\,\text{kHz}
\end{aligned}$$

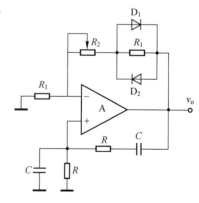

图 5-30　实用桥式振荡电路

（2）图中二极管用来改善输出电压波形，稳定输出幅度。起振时，由于 v_0 很小，二极管接近于开路，此时电路开始振荡。随着 v_0 增大，二极管导通，R_3 和二极管的并联电路的有效电阻减小，幅度趋于稳定。

（3）R_2 可用来调节输出电压的波形和幅度。为了保证起振，由 $R_2+R_3>2R_1$，可得 R_2 的值

必须满足 $R_2 > 2R_1 - R_3$。也就是说，R_2 过小，电路有可能停振。调节 R_2，使得 R_2 略大于 $2R_1 - R_3$，起振后的振荡幅度较小，但输出波形比较好。调节 R_2，使其增大，输出电压的幅度增大，但输出电压的失真也增大。为了使输出电压波形不产生严重的失真，R_2 必须小于 $2R_1$。由此可见，为了使电路容易起振，又不产生严重的波形失真，应调节 R_2，使它满足：$2R_1 > R_2 > 2R_1 - R_3$。

任务实施

一、任务分析

在任务实施之前，应做好以下准备工作：

（1）以团队形式合作实施任务，每队确定组长人选，并由组长对团队成员进行分工；

（2）明晰任务要求，列出实施任务用到的器材、工具、辅助设备等；

（3）编制任务实施方案，包括荧光灯线路安装方案、荧光灯线路检测方案、荧光灯线路故障排除方案等；

（4）分析讨论任务实施过程中的注意事项；

（5）将以上分析内容填入表 5-1 中。

表 5-1　任务实施方案表

任务编号	任务名称	小组编号	组长	组员及分工
器材、工具及辅助设备				
任务实施方案	荧光灯线路安装方案			
	荧光灯线路检测方案			
	荧光灯线路故障排除方案			
	荧光灯实验电路			
注意事项				

二、完成任务

（1）将荧光灯线路安装结果填入表 5-2。

表 5-2　荧光灯线路安装

组　　别	是否安装完成	是否成功点亮

（2）通过对荧光灯线路的故障排查填入表5-3。

表5-3 荧光灯线路故障排查

组　别	故障现象	故障原因	排除方法

 考核评价

根据任务完成情况及评价项目，学生进行自评。同时组长负责组织成员讨论，给小组每位成员进行评价。结合教师评价、小组评价及自我评价，完成考核评价环节。考核评价表如表5-4所示。

表5-4 评价考核表

任务编号及名称					
班级		小组编号		姓名	
小组成员	组长	组员	组员	组员	组员
自我评价	评价项目	标准分	评价分	主要问题	
	任务要求认知程度	10			
	相关知识掌握程度	15			
	专业知识应用程度	15			
	信息收集处理能力	10			
	动手操作能力	20			
	数据分析处理能力	10			
	团队合作能力	10			
	沟通表达能力	10			
	合计评分				
小组评价	专业展示能力	20			
	团队合作能力	20			
	沟通表达能力	20			
	创新能力	20			
	应急情况处理能力	20			
	合计评分				

任务编号及名称					
班级		小组编号		姓名	
小组成员	组长	组员	组员	组员	组员
教师评价					
总评分					
备注	总评分＝教师评价（50％）＋小组评价（30％）＋自我评价（20％）				

知识拓展

节能小常识

1. 电吹风节能小窍门

选择适当功率的吹风机，以节省耗电量。优先选择附有安全保护装置（即温度开关）的产品，当机体内部温度过高时安全保护装置会自动断电，待机体内部温度降低后，才可恢复正常使用。洗头发后，应用毛巾将头发擦干些再使用吹风机以减少吹发时间，降低耗电量。不要在冷气房内使用吹风机吹头发，以免增加空调的耗电量。

2. 燃气灶节能小窍门

灶具要放在避风处，或者加挡风圈，防止火苗偏出锅底。调节进风口的大小，让燃气充分燃烧，燃烧火焰应为蓝色。充分做好炒菜前的准备工作再点火，防止"吊火"。烧汤、炖东西时，先用大火烧开，再用小火只要保持锅内滚开而不溢出就可以了。合理使用灶具的架子，其高度应使火焰的外焰接触锅底，使燃烧效率最高。按锅底大小调节炉火大小，使火苗以与锅、壶底接触后稍弯，火苗舔底为宜。使用直径大的平底锅比尖底锅更省煤气。做饭尽量不用蒸的方法，蒸饭时间是焖饭时间的 3 倍。先把锅、壶表面的水渍擦干净再放到火上去，使热能尽快传到锅内，节约用气。烧水时接近沸点，需要的热量更大，消耗的燃气就更多，所以在烧热水洗澡时，不要将水烧开后再兑凉水，可直接将冷水烧至需要的温度，这样可节省燃气。

3. 电饭煲省电小窍门

现在市面上的电饭煲分为两种：一种是机械电饭煲，另外一种是电脑控制电饭煲。使用机械电饭煲时，电饭煲上盖一条毛巾，注意不要遮住出气孔，这样可以减少热量损失。当米汤沸腾后，将按键抬起利用电热盘的余热将米汤蒸干，再按下按键，焖 15 min 即可食用。

电饭煲用完后，一定要拔下电源插头，不然电饭煲内温度下降到 70 ℃ 以下时，会自动通电，这样既费电又会缩短使用寿命。尽量选择功率大的电饭煲，因为煮同样的米饭，700 W 的

电饭煲比 500 W 的电饭煲要省时间。

电脑控制电饭煲一般功率较大，在 800 W 左右，从而起到节能的作用。

4. 冰箱节能小窍门

冷藏物品不要放得太密，留下空隙利于冷空气循环，这样食物降温的速度比较快，减少压缩机的运转次数，节约电能。在冰箱里放进新鲜果菜时，一定要把它们摊开。如果果菜堆在一起，会造成外冷内热，就会消耗更多的电量。对于那些块头较大的食物，可根据家庭每次食用的分量分开包装，一次只取出一次食用的量，而不必把一大块食物都从冰箱里取出来，用不完再放回去。反复冷冻既浪费电力，又容易对食物产生破坏。解冻的方法有水冲、自然解冻等几种。在食用前几小时，可以先把食物从冷藏室（4℃左右）里拿到微冻室（1℃左右）里，因为冷冻食品的冷气可以帮助保持温度，减少压缩机的运转，从而达到省电目的。在摆放冰箱时，一般应在两侧预留 5 ~ 10 cm、上方 10 cm、后侧 10 cm 的空间，可以帮助冰箱散热。不要与音响、电视、微波炉等电器放在一起，这些电器产生的热量会增加冰箱的耗电量。

引用新技术一幢节能建筑可以节约用电 50%

一幢节能建筑与一幢普通建筑相比，从理论上讲可节约用电 50%，大力推广应用建筑节能新技术、新材料、新工艺将产生巨大的经济和社会效益。

很多城市严格执行国家建设部制定的民用建筑节能设计规范等新标准，并逐步引进和鼓励使用建筑节能新技术、新材料和新工艺。到目前为止，广泛应用的建筑节能新技术主要有以下四个。

（1）建筑物围护结构新技术，包括建筑物外墙外保温、外墙内保温、墙体自保温、屋面保温、建筑门窗保温和幕墙等。例如，外墙外保温，可采用低温砂浆保温系统、保温板外墙外保温系统和保温装饰板外墙外保温等新技术，并具有造价低、生产方便和隔热效果好、可达到建筑节能 50% 的要求等优点。

（2）在用电新技术方面，包括采用新型节能照明技术、智能照明节能控制系统和蓄冷空调技术等新技术。例如，对电压、电流、有功、无功和功率因数数值的调整，以达到节能降耗的目的；还有蓄冷空调技术，即用晚上的电制冰蓄冷，在白天用电高峰时释放以减少电网压力的空调系统新技术。

（3）再生能源应用新技术在城市同样应用广泛，目前可利用再生能源的新技术主要有以下几种：地源热泵技术，这一技术在民用建筑和有热水需求的大型公共建筑中的应用范围越来越广泛；空气源热泵技术，即以空气作为热源和冷源，通过高效热泵机组向建筑物供热或供冷等；城市污水热泵，即利用城市污水蕴含的能量作为热源和冷源，通过高效热泵机组向建筑物供热或供冷等；还有太阳能供热、太阳能供电和雨水蓄积及利用等技术。

（4）绿色建筑节能新技术则包括节地与室外环境、节能与能源利用、节水与水资源利用、节材与材料资源利用等新技术，以达到建筑物与周围环境的和谐协调等。

小　　结

1. 交流电的概念

交流电是大小和方向都随时间做周期性变化的交变电动势、交变电流和交变电压的总称。正弦交流电是指它们按正弦函数的规律变化。

2. 交流电的三要素

描述正弦交流电的基本物理量很多，可分为三类：

（1）瞬时值、最大值、有效值。瞬时值是描述做周期性变化的交流电在某个时刻的值，最大值是最大的瞬时值。从发热的观点看，用一直流电来等效交流电，该直流电的数值称为交流电的有效值。一般设备标注数值、仪表测量数值都是指有效值。

（2）周期、频率、角频率这三者都是用来描述交流电变化快慢的物理量。同一个交流电可以分别用周期、频率或角频率来表示，其相互关系为

$$f = \frac{1}{T} \quad \omega = \frac{2\pi}{T} = 2\pi f$$

（3）相位、初相、相位差。相位和初相都是用来描述交流电变化步调的物理量。初相是在时间为零时刻时的相位。

正弦交流电在任一时刻的瞬时值是由最大值、角频率和初相三个特性量确定的，它们称为正弦交流电的三要素。

3. 交流电的三种表示方法

表示任何一个交流电，只要能表达出它们的三要素，即可全面地描述它的物理特性。

（1）波形表示法：在坐标系中描绘出正弦交流电的波形图，表达直观。

（2）解析式表示法：写出正弦交流电的函数解析式，表达准确。

（3）相量图表示法：用复数表示正弦量的方法为正弦量的相量表示法，表示正弦量的复数是相量。复数的模和辐角能够反映正弦量的两个要素（有效值、初相位），对同频率的正弦量，其角频率就没有必要加以区别。

4. RC 正弦振荡电路的基本组成部分

放大电路、反馈网络、选频网络和稳幅环节。

5. RC 正弦振荡电路稳幅措施

（1）采用热敏元件。

（2）采用二极管。

习　题　五

一、填空题

1. 正弦量的三要素是：_____、_____、_____。

2. 在阻抗三角形中，φ 称为_____角；在功率三角形中，φ 称为_____角；在电压三角形中，φ 称为_____角。

3. 根据元件的电磁特性，通常把电阻称为_____元件，把电感、电容称为_____元件。

4. 提高功率因数的意义在于提高_____的利用率和减少_____的损耗。通常采用_____的方法来提高线路的功率因数。

5. 在 RLC 串联电路中发生的谐振称为_____谐振或_____谐振，其主要特点是：_____最小，_____最大。

二、判断题

1. 与正弦量热效应相等的直流电的数值称为正弦交流电的有效值。（　　）

2. 相位差的概念只对同频率的正弦量有效，即不同频率的正弦量之间不存在相位差的概念。（　　）

3. 由于电感元件、电容元件在正弦交流电路中没有能量转换，所以只产生无功功率。（　　）

4. 正弦交流电路中的电容元件，其电压总是超前电流90°。（　　）

5. 电阻元件和电容元件是耗能元件，电感元件是储能元件。（　　）

三、选择题

1. 在正弦交流电路中电感元件的电压与电流的关系为（　　）。

  A. $u=iX_L$ B. $u=L\mathrm{d}i/\mathrm{d}t$ C. $i=L\mathrm{d}u/\mathrm{d}t$

2. 在正弦交流电路中电容元件的电压与电流的关系为（　　）。

  A. $u=-iX_C$ B. $u=\dfrac{1}{C}\int i\mathrm{d}t$ C. $u=C\mathrm{d}i/\mathrm{d}t$

3. 感性电路的阻抗表达式为（　　）。

  A. $Z=R+X_L$ B. $Z=R+\mathrm{j}X_L$ C. $Z=\sqrt{R^2+X_L^2}$

4. 容性电路的阻抗表达式为（　　）。

  A. $Z=R-X_C$ B. $Z=\sqrt{R^2-X_C^2}$ C. $Z=R-\mathrm{j}X_C$

5. 在直流电路中，下列描述正确的是（　　）。

  A. 感抗为0，容抗为∞   B. 感抗为∞，容抗为0

  C. 感抗和容抗均为0   D. 感抗和容抗均为∞

6. 在RC振荡电路中，为了满足振荡的相位平衡条件，放大电路输出信号与输入信号的相位差的合适值是（　　）。

  A. 90°   B. 180°   C. 270°   D. 360°

四、问答题

1. 正弦量的最大值和有效值是否随时间变化？它们的大小与频率、相位有无关系？

2. 不同频率的几个正弦量能否用相量画在同一图上？为什么？

3. 40 W 荧光灯和40 W 白炽灯比较，哪一个耗电多？为什么？

4. 什么叫相量？相量和复数有什么区别？

5. 将通常在交流电路中使用的220 V、100 W 白炽灯接在220 V 的直流电源上，试问发光亮度是否相同？为什么？

6. 荧光灯由哪些部件组成？各部件的主要结构和作用是什么？

7. 荧光灯通电后完全不亮，可能由哪些原因造成？怎样检查？

8. 荧光灯通电后灯管两头发红，但不启辉，可能由哪些原因造成？怎样检查？

五、计算题

1. 在图5-31所示的电路中，各支路阻抗 $|Z_1|=5\,\Omega$，$|Z_2|=50\,\Omega$，$|Z_3|=2\,\Omega$，电流有效值 $I_3=0.8\,\mathrm{A}$，且 $\dot{I}_1$、$\dot{I}_3$ 与 $\dot{U}$ 间的相位差分别为30°和60°。求：

（1）电路参 R_1、R_2、R_3、X_1、X_3；

（2）总电流 $\dot{I}$。

2. RLC 串联电路外加电压 $u=100\sqrt{2}\sin314\,t$ V 时发生串联谐振，电流 $i=\sqrt{2}\sin314\,t$ A，且

$U_c = 180\,\text{V}$。求电路元件的参数 R，L，C。

3. 荧光灯电路如图 5-32 所示，已知灯管电阻 $R = 520\,\Omega$，镇流器电感 $L = 1.8\,\text{H}$，镇流器电阻 $r = 80\,\Omega$，电源电压 U 为 220 V，求电路的电流，镇流器两端的电压 U_1，灯管两端电压 U_2 和电路的功率因数（$f = 50\,\text{Hz}$）。

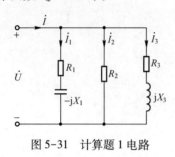

图 5-31　计算题 1 电路

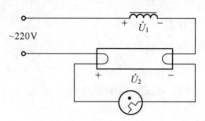

图 5-32　计算题 3 电路

前面介绍的交流电路中，电源和负载之间是通过两根线连接起来的，称为单相交流电。目前我国生产、配送和工农业生产使用的都是三相交流电，如电力发电系统、电力输电系统、电力拖动系统、各机械动力电源等。三相交流电与单相交流电相比，具有很多优越性。在发电方面，三相交流发电机比同样体积的单相交流发电机输出的功率大；在用电方面，三相电动机比单相电动机结构简单，价格便宜，性能好；在送电方面，在相同条件下三相制比单相输电节约输电线用铜量。通过本任务的学习，可以使学生初步认识三相交流电路，理解相电压、相电流、线电压、线电流、三相有功功率、三相无功功率、三相视在功率等物理量的物理意义及其之间的关系；引导学生了解三相交流电路的构成；正确识读三相交流电路；理解三相交流电路不同的连接方式下电压和电流相值与线值之间的关系和规律；逐步掌握对称三相交流电路的分析、计算和测量；培养学生正确连接三相交流电路、测量三相电路的参数的能力；为将来从事相关的工作奠定基础。

学习目标

（1）理解并熟悉三相交流电源及三相交流电路的组成；

（2）理解三相交流电路两种典型的连接方式；

（3）理解中性线在三相不对称电路的作用；

（4）掌握三相交流电路中电压、电流相值和线值之间的关系；

（5）掌握对称三相交流电路的分析、计算；

（6）熟练使用交流电表测量三相交流电路的电压和电流；

（7）能够正确连接三相电路，并进行电压、电流和功率的测量；

（8）初步培养学生科技文献资料阅读能力、独立分析解决问题能力及团队协作精神。

任务描述

通过识读三相交流电路，弄清三相交流电源和三相交流电路的组成、连接方式，三相交流电路中相线、中性线、相电流、线电流、相电压、线电压等概念，三相交流电路中不同连接形式下相电压、相电流、线电压、线电流之间的关系，能进行对称三相交流电路的分析和计算；通过三相交流电路的测试任务，将三相电路测试仪器仪表的使用、三相电路的选择和连接、三相电路运行参数的测量等技能相结合。具体而言，要求完成以下任务：

（1）弄清三相交流电路的基本概念，能结合实际三相电路识读电路；

（2）能按照三相电路图完成三相交流电路的连接；

（3）能对对称三相电路进行分析、计算；

（4）能按照要求完成三相电路参数的测量；

（5）能借助测量数据初步判断三相电路的运行方式和状态；

（6）通过三相电路的测试，理解三相四线供电系统中中线的作用。

 相关知识

一、三相交流电路组成

目前，世界各国电力系统中电能的生产、传输和供电方式绝大多数都是采用三相四线制。三相交流电路是由（发电厂输出的）三相电源、（用户端的）三相负载和三相输电线路三部分组成，如图 6-1 所示。

图 6-1　电力系统电能传输示意图

二、三相交流电源及其连接

电力系统中，广泛应用三相交流电路，工农业生产中的三相变压器、三相电动机等都需要三相交流电源。

（一）三相交流电动势的产生

三相交流电一般由三相交流发电机产生，发电机由定子（线圈）和转子（磁场）组成，如图 6-2 所示，定子中有三个相同的绕组，其首端分别用 U_1、V_1、W_1 表示，末端用 U_2、V_2、W_2 表示。每相绕组的空间位置相差 120°。当转子旋转时三个绕组中便产生了三个幅值相同、频率相同、相位差为 120° 的三相对称电动势 e_U、e_V、e_W。可表示为

$$e_U = E_m \sin \omega t$$
$$e_V = E_m \sin (\omega t - 120°) \qquad (6-1)$$
$$e_W = E_m \sin (\omega t + 120°)$$

用相量形式可表示为

$$E_U = E \angle 0°$$
$$E_V = E \angle -120° \qquad (6-2)$$
$$E_W = E \angle 120°$$

图 6-2　发电机原理示意图

其波形图和相量图如图 6-3 所示。

从图 6-3 可以看出，三相交流电动势在任一瞬间三个电动势的代数和为零、三个电动势的相量和为零。这两个结论也可以通过数学理论来证明。

$$e_U + e_V + e_W = 0 \qquad (6-3)$$

$$\dot{E}_U + \dot{E}_V + \dot{E}_W = 0 \qquad (6-4)$$

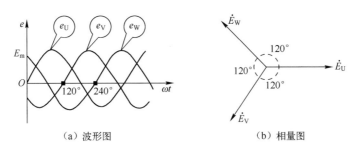

（a）波形图　　　　　　　　　　（b）相量图

图 6-3　三相对称电动势的波形图和相量图

三相交流电动势随时间按正弦规律变化，它们到达最大值（或零值）的先后顺序，叫作相序。从图 6-3（a）可以看出，U 相超前 V、W 相达到最大值，V 相超前 W 相达到最大值，这种 U—V—W—U 的顺序叫作正序。若相序为 U—W—V—U 的顺序，则叫作负序，交换三相中的任意两相就可以改变相序。在没有特殊说明的情况下，三相电源为正序。

在电工技术和电力工程中，把这种有效值相等、频率相同、相位彼此相差 120° 的三相电动势叫作对称三相电动势；供给对称三相电动势的电源就叫作三相对称电源。

（二）三相交流电源的星形(丫)连接

三相电源并不是将每相直接引出与负载相连，而是先将每相按照一定的方式连接后，再向负载供电。将对称三相电源的尾端 X、Y、Z 连在一起，首端 A、B、C 引出做输出线，这种连接称为三相电源的星形连接，如图 6-4 所示。

3 个绕组的末端 X、Y、Z 连接在一起的点称为三相电源的中点，用 N 表示，从中点引出的线称为中性线。3 个电源绕组首端 A、B、C 引出的线称为相线（俗称火线或端线）。

每相电枢绕组始端与末端之间的电压，即相线与中性线间的电压叫作相电压（即每相电源的端电压），其有效值用 U_A、U_B、U_C 或用 U_p 表示，而任意两始端之间的电压，即相线与相线间电压叫作线电压，其有效值用 U_{AB}、U_{BC}、U_{CA} 或用 U_l 表示。

电源星形连接时，相电压与线电压显然是不相等的。由图 6-5 可见，A、B 两点间的电压（线电压）等于 A 相与 B 相电压的相量差，即有

$$\begin{cases} \dot{U}_{AB} = \dot{U}_A - \dot{U}_B \\ \dot{U}_{BC} = \dot{U}_B - \dot{U}_C \\ \dot{U}_{CA} = \dot{U}_C - \dot{U}_A \end{cases} \tag{6-5}$$

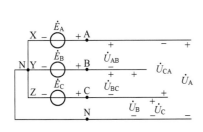

图 6-4　三相电源的星形连接

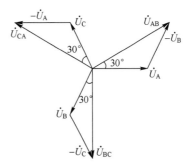

图 6-5　电源星形连接时相电压和线电压相量图

由图可知，三相交流对称电源星形连接时，相电压和线电压都是对称的，且线电压大小是相电压大小的$\sqrt{3}$倍，相位超前于相应相电压的$30°$，即

$$U_l = \sqrt{3}\,U_p \tag{6-6}$$

故电源星形连接时能输出两种电压，相电压220 V，线电压380 V（$380 \approx \sqrt{3} \times 220$）。

（三）三相交流电源的三角形连接

将对称三相电源中的三个绕组按相序依次连接如图6-6所示，由三个连接点引出三条相线，这样的连接方式称为三角形（也称△）连接。

由图6-6可知，该方式连接时向负载提供的是相线间的电压（线电压），该电压等于每相电源绕组上的电压（相电压）。故三相电源采用三角形连接时，线电压和相电压相等，即

$$U_l = U_p \tag{6-7}$$

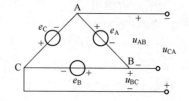

图6-6　三相电源的三角形连接

在三角形连接中，电源各绕组首尾端是绝对不允许接反的，否则电源回路中将产生很大的环流。另外，由于工艺和材料等多方面的原因，很难做到三个绕组绝对一致，所以即使三角形接法正确，电源回路中也有一定的环流存在。这不仅消耗电能，还对电源的寿命有影响。在实际生产中，三相发电机和三相配电变压器的输出都可以作为三相电源，发电机绕组和三相电力变压器的二次绕组都很少接成三角形，一般都按星形连接。

三、三相负载及其连接

三相负载是指用三相电源供电的负载，可分为三相对称负载和三相不对称负载。三相对称负载是指各相阻抗相同的三相负载。对称的三相负载和对称的三相电源组成的电路，称为三相对称电路。实际上连接到三相电源上的负载，往往由各三相对称负载和各单相负载组成。因此在供配电时，为使三相电源供电均衡，务必将各单相负载均分到各相电源上。

（一）对称负载的星形连接

图6-7是三相对称负载的星形接法时的示意图。三根相线上流过的电流称为线电流，用I_l表示，各负载上通过的电流称为相电流，用I_p表示。由于负载的相电压和电源的相电压相等，各负载对称，所以，三相对称负载星形连接时线电流等于相电流，即

$$I_l = I_p \tag{6-8}$$

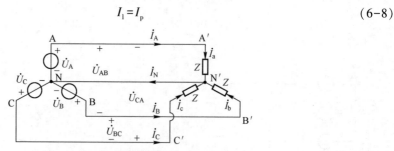

图6-7　三相对称负载的星形连接

通过计算可知：各相电流大小相等，相位相差$120°$。由相量形式的KCL可得

$$\dot{I}_N = \dot{I}_A + \dot{I}_B + \dot{I}_C = 0 \tag{6-9}$$

式中，$\dot{I}_N$ 是流过中性线的电流，$\dot{I}_A$、$\dot{I}_B$、$\dot{I}_C$ 是流过相线的线电流。可见在负载对称的情况下，中性线中无电流通过，中性线不起作用。实际生产时的三相异步电动机、三相变压器等三相设备，都属于三相负载，在做星形连接时可以不接中性线。但必须注意的是，并不是所有对称三相负载都能采用星形接法，要根据用电设备对电压的要求来选择接法。

【例 6-1】已知某学校照明电路的额定电压为 220 V，现有甲、乙、丙三栋教学楼，其照明用电功率均为 22 kW，分别接在三相交流电源上，电源线电压为 380 V。问：

（1）三栋楼的照明电路如何接入三相电源？

（2）若所有照明设备全部投入工作，求各相电流及中性线电流。

解 （1）由于照明电路的额定电压是 220 V，而电源线电压是 380 V，则电源的相电压是 220 V，所以三栋楼的照明设备应采用星形接法接入三相电源。又由于照明电路一般不会同时使用，不属于对称负载，因而中性线不能省略。

（2）若照明设备全部投入工作，可视为三相对称负载，则各相电阻为

$$R_p = \frac{U^2}{P} = \frac{220^2}{22 \times 10^3} \Omega = 2.2 \ \Omega$$

各相负载电流为

$$I_p = \frac{U_p}{R_p} = \frac{220}{2.2} A = 100 \ A$$

由于三相负载对称，所以

$$\dot{I}_N = \dot{I}_A + \dot{I}_B + \dot{I}_C = 0$$

由此例可知，当三相负载对称时，只需要对一相进行分析即可，其余两相完全相同。

【例 6-2】星形连接的对称三相负载，若每相负载的电阻为 12 Ω，感抗为 16 Ω，接到线电压 $U_l = 380$ V 的三相电源上，求每相负载的电压 U_p，相电流 I_p 及线电流 I_l。

解 对称三相负载采用星形连接时，每相负载的电压就是电源的相电压，故

$$U_p = \frac{U_l}{\sqrt{3}} = \frac{380}{\sqrt{3}} V \approx 220 \ V$$

每相负载的阻抗为

$$|Z| = \sqrt{R^2 + X_l^2} = \sqrt{12^2 + 16^2} \ \Omega = 20 \ \Omega$$

每相负载的电流为

$$I_p = \frac{U_p}{|Z|} = \frac{220}{20} A = 11 \ A$$

负载采用星形连接时，线电流等于每相负载的相电流，即

$$I_l = I_p = 11 \ A$$

（二）对称负载的三角形连接

如图 6-8 所示，将三相负载首尾相连成闭合环路，三根相线与负载各首端引出线相连，这种连接方式称为负载的三角形连接。在这种连接下，负载依次连接在电源的两根相线之间，其相电压等于电源的线电压，无论负载对称与否，其相电压总是对称的，即 $U_p = U_l$。

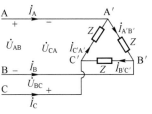

图 6-8 三相对称负载的
三角形连接

各复阻抗中的相电流为

$$\dot{I}_{AB} = \frac{\dot{U}_{AB}}{Z}, \quad \dot{I}_{BC} = \frac{\dot{U}_{BC}}{Z}, \quad \dot{I}_{CA} = \frac{\dot{U}_{CA}}{Z} \tag{6-10}$$

按照 KCL，则 A、B、C 三节点的电流方程为

$$\begin{cases} \dot{I}_A = \dot{I}_{AB} - \dot{I}_{CA} \\ \dot{I}_B = \dot{I}_{BC} - \dot{I}_{AB} \\ \dot{I}_C = \dot{I}_{CA} - \dot{I}_{BC} \end{cases} \tag{6-11}$$

由于各相负载对称，则各相负载电压有效值相等，且均为线电压，所以各相负载电流大小也相等。因为各线电压相位相差120°，所以各相负载电流相位也相差120°，若以 $\dot{I}_{AB}$ 为参考相量，则有

$$\begin{cases} \dot{I}_{AB} = I \angle 0° \\ \dot{I}_{BC} = I \angle -120° \\ \dot{I}_{CA} = I \angle 120° \end{cases} \tag{6-12}$$

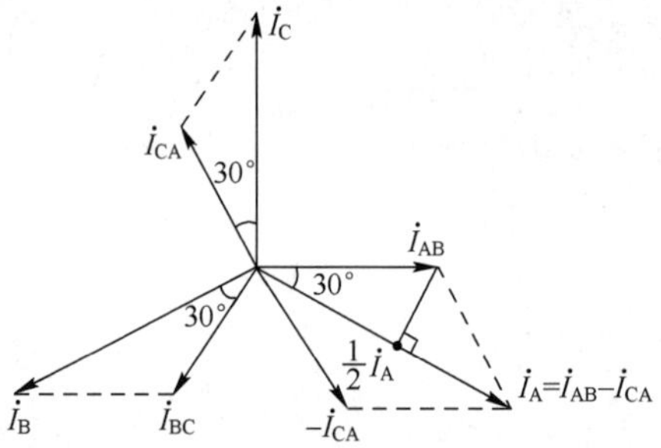

做出各负载电流的相量图，求出线电流 $\dot{I}_A$、$\dot{I}_B$、$\dot{I}_C$，如图6-9所示。

图6-9　相电流、线电流相量图

由图可见，线电流的有效值为相电流的 $\sqrt{3}$ 倍，即

$$I_1 = \sqrt{3} I_p \tag{6-13}$$

在相位上，线电流滞后于相应的相电流30°。线电流也是对称的，即各线电流大小相等，相位相差120°。

【例6-3】已知某三相对称负载，各相等效电阻为 6 Ω，感抗为 8 Ω，接在线电压为 380 V 的三相四线制电源上。分别计算负载采用星形接法和三角形接法时的相电流和线电流的大小，并分析计算结果。

解（1）星形接法时：由于线电压是 380 V，则相电压为

$$U_p = 220\,V$$

每相负载上的电流为

$$I_p = \frac{U_p}{|Z_p|} = \frac{220}{\sqrt{6^2 + 8^2}}\,A = 22\,A$$

星形连接时，线电流等于相电流，故线电流为

$$I_1 = I_p = 22\,A$$

（2）三角形接法时：每相负载的电压就是电源的线电压，即

$$U_p = U_1 = 380\,V$$

负载相电流为

$$I_\text{p} = \frac{U_\text{p}}{|Z_\text{p}|} = \frac{380}{\sqrt{6^2+8^2}}\text{A} = 38\text{ A}$$

线电流为

$$I_1 = \sqrt{3}\,I_\text{p} = 1.732 \times 38\text{ A} \approx 66\text{ A}$$

由两种接法的计算可知，三角形接法时负载端电压是星形接法时的$\sqrt{3}$倍，三角形接法时相电流也为星形接法时相电流的$\sqrt{3}$倍，三角形连接时相线上电流为星形接法时的3倍。

从例6-3可以看出，当负载的额定电压等于电源线电压时，负载需要采用三角形连接；当负载额定电压等于电源相电压时，采用三角形连接就会由于过流或过压而损坏。必须注意的是：无特殊申明时的三相电源和三相负载的额定电压均指的是线电压。

三相电源为星形电源，负载为星形负载，称为丫-丫连接方式；三相电源为星形电源，负载为三角形负载，称为丫-△连接。此外还有△-丫和△-△连接。在丫-丫连接中，三相电源的中点 N 和负载的中点 N′连接起来称为中性线，是三相四线制，其他连接方式为三相三线制。

（三）不对称三相负载

在实际应用中，常遇到三相负载不对称的情况，另外因为负载开路或短路等故障也会引起三相负载不对称。在三相负载采用三角形连接时，无论负载对称与否，总有 $U_\text{p} = U_1$，即各相电压对称。故在此主要讨论三相不对称负载采用星形连接时的情况。下面通过一个例题说明。

【例6-4】 在某三相三线制供电线路上，接入三相电灯负载，接成星形，如图6-10所示。设线电压为 380 V，每一相电灯负载的电阻是 400 Ω。试计算：

（1）在正常工作时，电灯负载的电压和电流为多少？

（2）如果一相断开时，其他两相负载的电压和电流为多少？

（3）如果一相发生短路，其他两相负载的电压和电流为多少？

（4）如果采用三相四线制（加了中性线）供电，如图6-11所示，则发生一相断开或短路时，其他各相负载的电压和电流为多少？

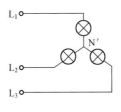

图6-10　星形连接

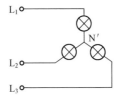

图6-11　三相四线制

解 （1）在正常情况下，三相负载对称时，有

$$U_{L_1N'} = U_{L_2N'} = U_{L_3N'} = \frac{380}{\sqrt{3}}\text{V} \approx 220\text{ V}$$

$$I_1 = I_{L_1N'} = \frac{220}{400}\text{A} = 0.55\text{ A}$$

$$I_2 = I_3 = 0.55\text{ A}$$

（2）一相断开，如图 6-12 所示，有

$$U_{L_2N'} = U_{L_3N'} = \frac{380}{2}V = 190 \text{ V}$$

$$I_2 = I_3 = \frac{190}{400}A = 0.475 \text{ A}$$

$I_1 = 0$，一相灯不亮，二相和三相电灯两端电压低于额定电压，电灯不能正常工作，灯会暗一些。

（3）一相短路，如图 6-13 所示，有

$$U_{L_2N'} = U_{L_3N'} = 380 \text{ V}$$

$$I_2 = I_3 = \frac{380}{400}A = 0.95 \text{ A}$$

二相和三相电灯两端电压超过额定电压，电灯会变亮然后被毁坏。

（4）采用三相四线制时，如图 6-11 所示。一相断开时，其余两相 $U_{L_2N'} = U_{L_3N'} = 220$ V，二相和三相电灯都能正常发光。

一相短路时，其余两相两端电压都是 220 V 额定电压，同样能正常发光。这就是三相四线制供电的优点，可以保证三相负载相互独立，互不影响。为了保证每相负载正常工作，中性线不能断开，中性线上不允许接入开关或熔丝。

图 6-12　一相断开　　　　　　　图 6-13　一相短路

四、三相电路的功率

（一）有功功率

交流电路中，有功功率是反映电路实际消耗的功率，即交流电路中电阻所消耗的功率。在三相电路中，三相负载的有功功率等于每相负载上的有功功率之和，即

$$P = P_A + P_B + P_C = U_A I_A \cos\varphi_A + U_B I_B \cos\varphi_B + U_C I_C \cos\varphi_C \qquad (6-14)$$

负载对称时

$$P = 3P_A = 3U_p I_p \cos\varphi \qquad (6-15)$$

对称负载星形连接时

$$U_1 = \sqrt{3} U_p, \quad I_1 = I_p$$

负载是三角形连接时

$$U_1 = U_p, \quad I_1 = \sqrt{3} I_p$$

所以

$$P = \sqrt{3} U_1 I_1 \cos\varphi \qquad (6-16)$$

式（6-14）～式（6-16）中，φ_A、φ_B、φ_C、φ 分别是 A、B、C 相及对称负载中某相相电压

与相电流之间的相位差，即负载的阻抗角。由上面的讨论可知：星形连接和三角形连接的对称三相负载的有功功率，均可用线电压、线电流及每相的功率因数来表示。

（二）无功功率

交流电路中的电感和电容元件，它们不消耗能量，但要与电源间发生能量交换，无功功率是用来反映它们发生能量交换规模的大小。在三相交流电路中，无功功率为电路中每相负载无功功率之和，即

$$Q = Q_A + Q_B + Q_C = U_A I_A \sin \varphi_A + U_B I_B \sin \varphi_B + U_C I_C \sin \varphi_C \tag{6-17}$$

三相负载对称时

$$Q = 3U_p I_p \sin \varphi = \sqrt{3} U_1 I_1 \sin \varphi \tag{6-18}$$

（三）视在功率

交流电路中，视在功率是电气设备的容量，它等于电气设备的额定电压和额定电流的乘积。在三相交流电路中，视在功率为每相视在功率之和。

$$S = \sqrt{P^2 + Q^2} = 3U_p I_p = \sqrt{3} U_1 I_1 \tag{6-19}$$

【例 6-5】 某三相异步电动机每相绕组的等值阻抗 $|Z| = 27.74 \, \Omega$，功率因数 $\cos\varphi = 0.8$，正常运行时绕组采用三角形连接，电源线电压为 380 V。试求：

（1）正常运行时相电流、线电流和电动机的输入功率；

（2）为了减小起动电流，在起动时改接成星形，试求此时的相电流、线电流及电动机输入功率。

解 （1）正常运行时，电动机采用三角形连接，则

$$I_p = \frac{U_p}{|Z|} = \frac{380}{27.74} \text{A} \approx 13.7 \text{ A}$$

$$I_1 = \sqrt{3} I_p = \sqrt{3} \times 13.7 \text{ A} \approx 23.7 \text{ A}$$

$$P = \sqrt{3} U_1 I_1 \cos \varphi = \sqrt{3} \times 380 \times 23.7 \text{ kW} \approx 12.5 \text{ kW}$$

（2）起动时，电动机采用星形连接，则有

$$I_p = \frac{U_p}{|Z|} = \frac{380/\sqrt{3}}{27.74} \text{A} \approx 7.9 \text{ A}$$

$$I_1 = I_p = 7.9 \text{ A}$$

$$P = \sqrt{3} U_1 I_1 \cos \varphi = \sqrt{3} \times 380 \times 7.9 \times 0.8 \text{ kW} \approx 4.16 \text{ kW}$$

由此例可知，同一个对称三相负载接于一电路，当负载采用三角形连接时的线电流是星形连接时线电流的 3 倍，采用三角形连接时的功率也是星形连接时功率的 3 倍。

【例 6-6】 已知某三相对称负载，各相等效电阻为 6 Ω，感抗为 8 Ω。接在线电压为 380 V 的三相电源上。分别计算负载采用星形接法和三角形接法时的有功功率、无功功率和视在功率，并分析计算结果。

解法 1 （1）负载采用星形连接时，每相电流 I_p 为

$$I_p = \frac{U_p}{|Z|} = \frac{220}{\sqrt{R^2 + X_1^2}} = \frac{220}{\sqrt{8^2 + 6^2}} \text{A} = 22 \text{ A}$$

线电流和相电流相等，即

$$I_1 = I_p = 22 \text{ A}$$

功率因数 $\cos\varphi$ 为

$$\cos\varphi = \frac{R}{|Z|} = \frac{8}{\sqrt{8^2 + 6^2}} = 0.8$$

则

$$\sin\varphi = \frac{X_1}{|Z|} = \frac{6}{\sqrt{8^2 + 6^2}} = 0.6$$

三相有功功率为

$$P_\curlyvee = \sqrt{3}\, U_1 I_1 \cos\varphi = \sqrt{3} \times 380 \times 22 \times 0.8 \text{ kW} \approx 11.6 \text{ kW}$$

三相无功功率为

$$Q_\curlyvee = \sqrt{3}\, U_1 I_1 \sin\varphi = \sqrt{3} \times 380 \times 22 \times 0.6 \text{ kvar} \approx 8.7 \text{ kvar}$$

三相视在功率为

$$S_\curlyvee = \sqrt{3}\, U_1 I_1 = \sqrt{3} \times 380 \times 22 \text{ kV} \cdot \text{A} \approx 14.5 \text{ kV} \cdot \text{A}$$

（2）负载采用三角形连接时，每相电流 I_p 为

$$I_p = \frac{U_p}{|Z|} = \frac{380}{\sqrt{R^2 + X_1^2}} = \frac{380}{\sqrt{8^2 + 6^2}} \text{ A} = 38 \text{ A}$$

线电流为相电流的 $\sqrt{3}$ 倍，即

$$I_1 = \sqrt{3}\, I_p = \sqrt{3} \times 38 \text{ A} \approx 65.8 \text{ A}$$

有功功率、无功功率、视在功率分别为

$$P_\triangle = \sqrt{3}\, U_1 I_1 \cos\varphi = \sqrt{3} \times 380 \times 65.8 \times 0.8 \text{ kW} \approx 34.6 \text{ kW}$$

$$Q_\triangle = \sqrt{3}\, U_1 I_1 \sin\varphi = \sqrt{3} \times 380 \times 65.8 \times 0.6 \text{ kvar} \approx 26.0 \text{ kvar}$$

$$S_\triangle = \sqrt{3}\, U_1 I_1 = \sqrt{3} \times 380 \times 65.8 \text{ kV} \cdot \text{A} \approx 43.3 \text{ kV} \cdot \text{A}$$

解法 2　（1）负载采用星形连接时，每相电流 I_p 为

$$I_p = \frac{U_p}{|Z|} = \frac{220}{\sqrt{R^2 + X_1^2}} = \frac{220}{\sqrt{8^2 + 6^2}} \text{ A} = 22 \text{ A}$$

线电流和相电流相等，即

$$I_1 = I_p = 22 \text{ A}$$

三相有功功率为每相电阻消耗的功率之和，即

$$P_\curlyvee = 3 I_p^2 R = 3 \times 22^2 \times 8 \text{ kW} \approx 11.6 \text{ kW}$$

同理，三相无功功率和三相视在功率分别为

$$Q_\curlyvee = 3 I_p^2 X_1 = 3 \times 22^2 \times 6 \text{ kvar} \approx 8.7 \text{ kvar}$$

$$S_\curlyvee = 3 I_p^2 |Z| = 3 \times 22^2 \times \sqrt{8^2 + 6^2} \text{ kV} \cdot \text{A} \approx 14.5 \text{ kV} \cdot \text{A}$$

（2）负载采用三角形连接时，每相电流 I_p 为

$$I_p = \frac{U_p}{|Z|} = \frac{380}{\sqrt{R^2 + X_1^2}} = \frac{380}{\sqrt{8^2 + 6^2}} \text{ A} = 38 \text{ A}$$

线电流为相电流的 $\sqrt{3}$ 倍，即

$$I_1 = \sqrt{3}\,I_p = \sqrt{3} \times 38\ \text{A} = 65.8\ \text{A}$$

有功功率、无功功率、视在功率分别为

$$P_\triangle = 3I_p^2 R = 3 \times 38^2 \times 8\ \text{kW} \approx 34.7\ \text{kW}$$

$$Q_\triangle = 3I_p^2 X_1 = 3 \times 38^2 \times 6\ \text{kvar} \approx 26.0\ \text{kvar}$$

$$S_\triangle = 3I_p^2 |Z| = 3 \times 38^2 \times \sqrt{8^2 + 6^2}\ \text{kV} \cdot \text{A} \approx 43.3\ \text{kV} \cdot \text{A}$$

由以上计算可知，在同一个三相电源下，同一对称三相负载采用三角形连接时的线电流、三相有功功率、三相无功功率、三相视在功率分别为星形连接时的3倍。

五、三相电路的测试

（一）钳形电流表的使用

在交流线路中，在需要测量线路中的电流又不能断开电路的情况下，可使用钳形电流表测量其电流。

1. 钳形电流表的使用方法

钳形电流表的结构如图6-14所示。测量前，将量程开关转到合适位置，手持胶木手柄，用食指钩紧铁芯开关，打开铁芯，将被测导线从铁芯缺口处引入到铁芯中央，然后放松铁芯开关，如图6-15所示。

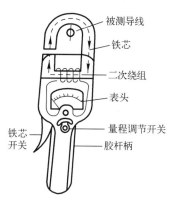

图6-14　钳形电流表的结构

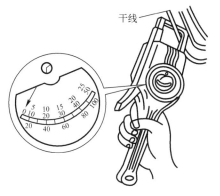

图6-15　钳形电流表测量干线电流

2. 钳形电流表使用时的注意事项

（1）不得用钳形电流表去测高压电路的电流，被测线路的电压不能超过钳形电流表所规定的使用电压，以防绝缘击穿。更不可测量裸线的电流，以防触电。

（2）每次测量只能置入一根导线，测量时应将被测导线置于钳口中央部位，以提高测量准确度。

（3）当被测电流太小，即使用最小量程测量时指针偏转角也较小时，可将被测载流导线在铁芯柱上缠绕几圈后再置于钳口中央进行测量，表的读数除以穿入钳口内导线的根数即得实测电流。测量结束后应将量程调节开关扳到最大量程位置，以便下次安全使用。

（二）三相电路电压、电流的测量

1. 三相负载星形连接（三相四线制供电）**时电压、电流的测量**

如图6-16所示，将三相负载做星形连接，通过调压器改变三相电源的输出电压，使之从

0 变化到 220 V，通过交流电压表和交流电流表分别测量电路中的电压和电流，分析三相负载对称和不对称情况下相电压与线电压、相电流与线电流的关系；分析三相负载对称和不对称情况下中线电流的情况，理解并总结三相四线制供电系统中中性线的作用。

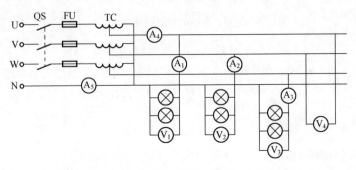

图 6-16　三相负载星形连接电压、电流测量

2. 三相负载三角形连接（三相三线制供电）**时电压、电流的测量**

将图 6-16 中三相负载做三角形连接，通过调压器改变三相电源的输出电压，使之从 0 变化到 220 V，通过交流电压表和交流电流表分别测量电路中的电压和电流，分析三相负载对称和不对称情况下相电压与线电压、相电流与线电流的关系。

3. 注意事项

（1）本测试实验电源采用三相交流市电，线电压为 380 V，测试时要注意人身安全，不可触及导电部件，防止意外事故发生。

（2）测试时要注意设备安全，调压时应注意观察电源输出电压的变化，测量电表使用时应注意其量程的选择。

（3）每次接线完毕，同组同学应自查一遍，然后由指导教师检查后，方可接通电源，必须严格遵守先接线，后通电；先断电后拆线的操作原则。

4. 分析思考

（1）三相负载根据什么条件做星形或三角形连接？

（2）三相星形连接不对称负载在无中性线情况下，当某相负载开路或短路时会出现什么情况？如果接上中性线，情况又如何？

（三）三相功率的测量

1. 一表法测量三相四线制功率

对于三相四线制供电的三相星形连接的负载，可用一只功率表测量各相的有功功率 P_A、P_B、P_C，则三相负载的总有功功率 $\sum P = P_A + P_B + P_C$。这就是一瓦特表法，简称一表法，如图 6-17 所示。若三相负载是对称的，则只需测量一相的功率，再乘以 3 即得三相总的有功功率（若用三只单相功率表同时测各相功率后相加得三相总功率，称为三表法）。

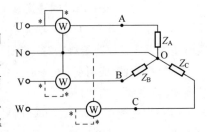

图 6-17　一表法测三相四线制电路功率

2. 二表法测量三相三线制功率

三相三线制供电系统中，不论三相负载是否对称，也不论负载是丫接法还是△接法，都广

泛采用二瓦特表法测量三相负载的总有功功率，测量线路如图 6-18 所示。若负载为感性或容性，且当相位差 $\varphi>60°$ 时，线路中的一只功率表指针将反偏（数字式功率表将出现负读数），这时应将功率表中电流线圈的两个端子调换（不能调换电压线圈端子），其读数应记为负值。而三相总功率 $\sum P=P_1+P_2$（P_1、P_2 本身不含任何意义）。

3. 一表法测量三相三线制对称负载的无功功率

对于三相三线制供电的三相对称负载，可用一瓦特表法测得三相负载的总无功功率 Q，测试原理线路如图 6-19 所示。图示功率表读数的 $\sqrt{3}$ 倍即为对称三相电路总的无功功率。除了图 6-19 给出的一种连接法（i_U、u_{VW}）外，还有另外两种连接法，即接成（i_V、u_{UW}）或（i_W、u_{UV}）。

图 6-18　二表法测三相三线制电路功率　　图 6-19　一表法测三相三线制对称负载无功功率原理线路图

4. 注意点

（1）三相四线制电路不能用二瓦特表法测量三相功率，这是因为一般情况下，$i_A+i_B+i_C\neq0$。

（2）两块表读数的代数和为三相总功率，每块表的单独读数无意义。

$$P=u_A i_A+u_B i_B+u_C(-i_A-i_B)=(u_A-u_C)i_A+(u_B-u_C)i_B=u_{AC}i_A+u_{BC}i_B=P_1+P_2$$

（3）按正确极性接线时，二表中可能有一个表的读数为负，此时功率表指针反转，将其电流线圈极性反接后，指针指向正数，但此表读数应记为负值。

（4）两表法测三相功率的接线方式有三种，注意功率表的同名端。两个功率表的电流线圈可以串联在三相三线制电源的任意两根线中，两个电压线圈的一端都连在未串联电流线圈的第三条电网线上。

（任务实施）

一、任务分析

本任务要求完成两方面内容，一是三相交流电路的连接及电压、电流的测量及分析。给定三相交流电源、三相调压器、三相对称照明负载、熔丝及其他所需的设备和器材。根据给定的电路，将负载做星形连接，测量在对称与不对称、有中性线与无中性线情况下的线电压、线电流、相电压、相电流、中性线电流、中性线电压，设计合适的表格记录数据，并分析数据总结规律；将负载做三角形连接，测量在对称与不对称情况下的线电压、线电流、相电压、相电流，设计合适的表格记录数据，并分析数据总结规律。

二是三相功率的测量。给定下列设备和器材：交流电压表（0～500 V）、交流电流表（0～5 A）、单相功率表、万用表（MF-500 型）、三相自耦调压器（0～430 V）、三相灯组负载（220 V、40 W 白炽灯）、三相电容负载（1 μF、2.2 μF、4.7 μF/500 V）。根据给定的电路设计，将电灯负载接成星形连接、带中性线、负载对称与不对称时，用一表法测量总有功功率，设计合适的数据记录表格记录数据，并分析数据得出结论；将电灯负载分别接成星形无中性线连接和三角形连接、负载对称时，用一表法测量总无功功率，设计合适的数据记录表格记录数据，并分析数据得出结论；将电灯负载接成星形、无中性线、对称与不对称时，用二表法测量总有功功率，设计合适的数据记录表格记录数据，并分析数据得出结论；将电灯负载接成三角形、对称与不对称时，用二表法测量总有功功率，设计合适的数据记录表格记录数据，并分析数据得出结论。

在任务实施之前，应做好以下准备工作：

（1）各班分组以团队形式合作实施任务，每组确定组长人选，并由组长对团队成员进行分工；

（2）细化任务实施步骤，明晰任务具体要求，列出实施任务用到的器材、工具、辅助设备等；

（3）编制任务实施方案，包括电路及连接方式选择、仪器仪表的选择使用、测试步骤及数据的记录与分析处理；

（4）分析讨论任务实施过程中的注意事项；

（5）将以上分析内容填入表 6-1 中。

表 6-1 三相交流电路识读与测试任务实施方案表

任务编号	任务名称	小组编号	组长	组员及分工
器材、工具及辅助设备				
任务实施方案	负载做星形连接时三相电路电压、电流测试方案	对称、有中性线时		
		对称、无中性线时		
		不对称、有中性线时		
		不对称、无中性线时		
	负载做三角形连接时三相电路电压、电流测试方案	对称时		
		不对称时		
	三相有功功率测量方案	负载做星形连接、对称、有中性线时"一表法"		
		负载做星形连接、不对称、有中性线时"一表法"		
		负载做星形连接、对称、无中性线时"二表法"		
		负载做星形连接、不对称、无中性线时"二表法"		
		负载做三角形连接、对称时"二表法"		
		负载做三角形连接、不对称时"二表法"		

		负载做星形连接、无中性线时"一表法"	
任务实施方案	*三相无功功率测量方案	负载做三角形连接、对称时"一表法"	
		负载做三角形连接、对称时"二表法"	
		负载做三角形连接、不对称时"二表法"	
注意事项			

二、完成任务

（1）测试子任务对应测试电路的选择、识读及连接。

（2）三相电路电压、电流测试数据记录、数据分析及规律总结，将结果填入表 6-2 和表 6-3 中。

表 6-2　负载星形连接时三相电路电压、电流测试数据记录与分析表

负载 ＼ 数据	线电流			相电压			线电压			中性线电流
	I_A	I_B	I_C	U_{AB}	U_{BC}	U_{CA}	U_A	U_B	U_C	I_O
星形、对称、有中性线										
星形、对称、无中性线										
星形、不对称、有中性线										
星形、不对称、无中性线										
数据分析										
总结										

表 6-3　负载三角形连接时三相电路电压、电流测试数据记录与分析表

负载 ＼ 数据	线电压			相电压			线电流		
	U_A	U_B	U_C	U_{AB}	U_{BC}	U_{CA}	I_A	I_B	I_C
三角形、对称									
三角形、不对称									
数据分析									
总结									

任务 6 三相交流电路的识读及测试

（3）三相电路功率测试数据记录、数据分析及规律总结，将结果填入表6-4和表6-5中。

表6-4 三相电路有功功率测试数据记录与分析表

数据\负载	一表法				二表法		
	P_A	P_B	P_C	$P_总$	P_1	P_2	$P_总$
星形、对称、有中性线							
星形、不对称、有中性线							
星形、对称、无中性线							
星形、不对称、无中性线							
三角形、对称							
三角形、不对称							
数据分析							
总结							

＊表6-5 三相电路无功功率测试数据记录与分析表

数据\负载	一表法				二表法		
	Q_A	Q_B	Q_C	$Q_总$	Q_1	Q_2	$Q_总$
星形、对称、无中性线							
星形、不对称、无中性线							
三角形、对称							
三角形、不对称							
数据分析							
总结							

（4）填写表6-6，完成考核评价。

考核评价

根据任务完成情况进行考核评价，主要包括教师评价、小组评价、自我评价三部分，形成任务完成情况评价考核环节。考核评价表如表6-6所示。

表 6-6　考核评价表

任务编号及名称					
班级		小组编号		姓名	
小组成员	组长	组员	组员	组员	组员
自我评价	评价项目	标准分	评价分	主要问题	
	任务要求认知程度	10			
	相关知识掌握程度	15			
	专业知识应用程度	15			
	信息收集处理能力	10			
	动手操作能力	20			
	数据分析处理能力	10			
	团队合作能力	10			
	沟通表达能力	10			
	合计评分				
小组评价	专业展示能力	20			
	团队合作能力	20			
	沟通表达能力	20			
	创新能力	20			
	应急情况处理能力	20			
	合计评分				
教师评价					
总评分					
备注	总评分＝教师评价（50%）＋小组评价（30%）＋自我评价（20%）				

任务
6
三相交流电路的识读及测试

三相交流电发展概况

1800 年，化学电池的诞生，揭开了人类利用电能的序幕。两个多世纪以来，特别是 1831 年法拉第发现了电磁感应定律以后，发电、用电进入了实用化的阶段。从那时起，人类逐步实现了机械化时代向电气化时代的转变。电能以其易于产生、易于输送、易于分配和易于控制等独特优势，得到广泛的应用。电能的应用已广泛涉及各个部门，无论是工业、农业、能源、交通国防建设和科学技术等各个方面，还是人们日常的衣、食、住、行和文化生活，都发生了惊人的变化。

交流电的优点主要表现在发电和配电方面。在物理学、电学发展史上，曾经就使用"交流电"还是"直流电"有过一场激烈的争辩。提倡使用"直流电"的代表人物是大发明家爱迪生，主张改用"交流电"的代表人物是比爱迪生年轻九岁的特斯拉。

自发电机发明以后，早期是采用"直流电"的方式输电和供电。由于输电电压较低，所以在输电线路上的热损失较大，因而发电机供电范围十分有限，且需要消耗大量较粗的铜线。为解决上述缺点，特斯拉发明了交流发电机供电的"交流多相电力传输系统"，使用变压器以高电压、低电流的方式输电，大大地降低了输电线路上的热损耗，实现了远距离输电，从而不再需要大量分散的单机供电，输电导线的截面也显著减小了。另外在发电方面，利用建立在电磁感应原理基础上的交流发电机可以很经济方便地把一次能源通过机械能（如水势能、风能等）、化学能（如石油、煤、天然气等）及其他形式的能转化为电能；而且同功率的交流电源和交流变电站与直流电源和直流换流站相比，造价低廉很多，变压器的使用给配送电能带来极大的方便。这是交流电与直流电相比所具有的独特优势。使用"交流电"显然比使用"直流电"优越，可以大幅度降低供电用电成本。

三相交流电是由三个频率相同、振幅相等、相位依次互差 120° 的交流电势组成的电源。三相交流电得到广泛应用，是因为它与单相交流电相比有以下主要优点：

（1）发电方面。三相发电机和三相变压器与容量相同的单相发电机和单相变压器相比，具有结构简单、体积小，质量小、节省材料且运转稳定的特点。

（2）输电方面。在距离、功率、电压、效率等相同的输电条件下，三相输电线比单相输电线节省有色金属材料 25%。而且电能损耗较单相输电时少。单相交流电可以从三相交流电中获得。

（3）供用电方面。三相异步电动机结构简单、性能良好、运行可靠。

自从 20 世纪初发明三相交流电以来，输电技术朝着高电压、大容量、远距离、较高自动化的目标不断发展，20 世纪后半叶发展更加迅速。1952 年，瑞典首先采用 380 kV 输电电压；1954 年，美国 354 kV 线路投入运营；1956 年，苏联建成伏尔加河水电站至莫斯科的 400 kV 线路并于 1959 年升压到 500 kV。进入 20 世纪 60 年代，欧洲各国普遍采用 380 kV 级输电电压，北美和日本则建设大量 500 kV 线路。以后加拿大、苏联和美国又相继建成一批 735 ～ 765 kV 输电线路。20 世纪 70 年代，欧、美各国对交流 1 000 kV 级特高压（UHV）输电技术进行了大量研究开发，1985 年苏联建成世界上第一条 1 150 kV 工业性输电线路，日本也在 20 世纪 90 年代初建成 1 000 kV 输电线路。

半个多世纪以来，中国在电力输配技术方面也已经取得了突破性进展。20 世纪 50 年代建设了一大批 35 kV 和 110 kV 输电线路；20 世纪 60 年代，许多城市建设 220 kV 输电线路，并逐步形成地区 220 kV 电网。随着电力负荷的增长和大型水力发电和火力发电电源的开发，1972 年建成第一条 330 kV 刘家峡水电站至关中超高压线路，该输电线路全长 534 km。随后 330 kV 输电线路延伸到陕甘宁青 4 个省区，形成西北跨省联合电网。1981 年第一条 500 kV 全长 595 km 平顶山至武汉输电线路投入运行，接着其他地区也相继采用 500 kV 级电压输送电力。目前全国已有东北、华北、华东、华中、西北、南方、川渝 7 个跨省电网和山东、福建、新疆、海南、西藏 5 个独立省（区）网。网内 220 kV 输电线路合计全长 120 000 km，330 kV 输电线路 7 500 km，500 kV 输电线路 20 000 km。华中与华东两大电网之间，通过 1 500 kV 葛洲坝至上海直流线路实行互联。中国输电线路的建设规模和增长速度在世界上是少有的。

改革开放以后，中国电力工业不断实现跨越式发展。1987—1995 年，中国发电装机容量和发电量先后超过法国、英国、加拿大、德国、俄罗斯和日本，跃居世界第二位。随着中国经济迅速增长，中国电力需求迅猛增加，电力供不应求的紧张局面再次出现。为最大限度地满足经济增长对电力的需求，国家采取有效措施，加大电力建设投资，使全国每年发电规模都在 1 500 万千瓦以上，到 2003 年底，全国发电装机容量达到 3.91 亿千瓦，发电量达到 19 052 亿千瓦时。

小　　结

（1）三相交流电路是由三相电源、三相负载和三相输电线路三部分组成。

（2）有效值相等、频率相同、相位彼此相差 120° 的三相电动势叫作对称三相电动势；供给对称三相电动势的电源就叫作三相对称电源。

（3）三相交流电动势随时间按正弦规律变化，它们到达最大值（或零值）的先后顺序，叫作相序。

（4）各相阻抗相同的三相负载叫作三相对称负载。

（5）对称的三相负载和对称的三相电源组成的电路，称为三相对称电路。

（6）三相四线制。为保证三相负载不对称时各相能正常独立工作，在低压配电系统中，通常采用三相四线制，中性线不能断开，不能安装开关和熔丝。

（7）对称三相电源连接的特点。

Y 连接：

$$U_l = \sqrt{3}\, U_p$$

△ 连接：

$$U_l = U_p$$

（8）对称三相负载连接的特点。

Y 连接：

$$U_l = \sqrt{3}\, U_p, \qquad I_l = I_p$$

△ 连接：

$$U_l = U_p, \qquad I_l = \sqrt{3}\, I_p$$

（9）在对称三相电路中，三相负载的总有功功率为

$$P = \sqrt{3}\, U_l I_l \cos\varphi$$

三相负载的总无功功率为

$$Q = 3 U_p I_p \sin\varphi = \sqrt{3}\, U_l I_l \sin\varphi$$

三相视在功率

$$S = \sqrt{P^2 + Q^2} = 3 U_p I_p = \sqrt{3}\, U_l I_l$$

式中：φ——相电压与相电流之间的相位差，即负载的阻抗角。

习　题　六

一、填空题

1. 已知三相对称电源的线电压是 380 V，若三相对称负载采用丫接法，则每相负载承受的电压是_____V；若测得相电流是 10 A，$\cos\varphi = 0.6$，则三相总功率是_____W。

2. 三相对称负载，每相负载的阻抗模 $|Z| = 10\,\Omega$，采用△接法，接在线电压为 220 V 的三相电源上，则负载的相电流是_____A；电源提供的线电流是_____A。

3. 已知三相对称电源的线电压是 380 V，若三相对称负载采用丫接法，则每相负载承受的电压是_____V，若采用△接法，则每相负载承受的电压是_____V。

4. 在三相四线制电路中，通常所说的 220 V 和 380 V 指的是电压的_____值。

5. 三相电源_____连接时，能提供两种电压；若线电压为 380 V，则_____电压为 220 V。

6. 对称的三相电源是由三个_____、_____、_____的正弦电源连接组成的供电系统。

7. 三相四线制供电系统任意一相负载断开，其他相电压值_____。

8. 三相电源的相序有_____序和_____序之分。

9. 当三相负载越接近对称时，中性线电流就越接近为_____。

二、判断题

1. 中性线的作用就是使不对称丫连接负载的端电压保持对称。（　　）

2. 三相电路的有功功率，在任何情况下都可以用二瓦特表法进行测量。（　　）

3. 三相负载做三角形连接时，总有 $I_l = \sqrt{3} I_p$ 成立。（　　）

4. 负载做星形连接时，必有线电流等于相电流。（　　）

5. 三相不对称负载越接近对称，中性线上通过的电流就越小。（　　）

6. 中性线不允许断开，因此不能安装熔丝和开关，并且中性线截面比相线粗。（　　）

三、选择题

1. 三相对称负载星形连接的情况下，下列结论正确的是（　　）。

　　A. $U_l = U_p$，$I_l = I_p$　　　　B. $U_l = \sqrt{3} U_p$，$I_l = I_p$　　　　C. $U_l = U_p$，$I_l = \sqrt{3} I_p$

2. 对称的三相电路中的有功功率为 $P = \sqrt{3}\, U_l I_l \cos\varphi$，式中角 φ 是（　　）中两者之间的相位差。

　　A. 线电压与线电流　　　B. 相电压与相电流　　　　C. 线电压和相电流

3. 在三相对称负载三角形连接的电路中，线电压为 220 V，每相电阻均为 110 Ω，则相电流 I_p 为（　　）。

A. 2 A　　　　　　B. $2\sqrt{3}$ A　　　　　　C. $\dfrac{2}{3}\sqrt{3}$ A

4. 下列结论中错误的是（　　）。

A. 当负载做丫连接时，必须有中性线

B. 当三相负载越接近对称时，中性线电流就越小

C. 当负载做丫连接时，线电流必等于相电流

5. 下列结论中错误的是（　　）。

A. 当负载做△连接时，线电流为相电流的 $\sqrt{3}$ 倍

B. 当三相负载越接近对称时，中性线电流就越小

C. 当负载做丫连接时，线电流必等于相电流

6. 对称三相交流电路，三相负载为 △ 连接，当电源线电压不变时，三相负载换为丫连接，三相负载的相电流应（　　）。

A. 减小　　　　　　B. 增大　　　　　　C. 不变

7. 对称三相交流电路中，三相负载为 △ 连接，当电源电压不变，而负载变为丫连接时，对称三相负载所吸收的功率（　　）。

A. 减小　　　　　　B. 增大　　　　　　C. 不变

8. 三相对称负载为 △ 连接时，下列选项正确的是（　　）。

A. $I_\text{l}=\sqrt{3}I_\text{p}$，$U_\text{l}=U_\text{p}$　　　B. $I_\text{l}=I_\text{p}$，$U_\text{l}=\sqrt{3}U_\text{p}$　　　C. 不一定

9. 三相负载对称的条件是（　　）。

A. 每相复阻抗相等

B. 每相阻抗值相等

C. 每相阻抗值相等，阻抗角相差 120°

四、问答题

1. 如何用万用表确定三相四线制供电线路中的相线或中性线？

2. 简述三相电源绕组星形接法的优点。

3. 负载星形接法时中性线上一定没有电流吗？什么情况下没有电流？若中性线上没有电流，中性线是否可以省略？

4. 若 1、2、3 号教学楼的照明电路功率相等，它们应如何接入电源？对电源来说，是否可以称为是对称负载？

5. 对于三相对称负载，采用何种接法接入电源的判断依据是什么？

6. 功率表测量的是交流电路的视在功率吗？

7. 如何测量三相照明电路的功率？如何测量三相电动机的功率？画出其功率测量的电路接线图。

8. 能否将额定电压为 220 V 的灯泡接在相线与相线之间？

9. 额定电压为 380 V 的三相异步电动机应如何接入电源？

10. 在三相四线制供电线路中，画出负载由照明电路、单相电动机和三相电动机（△ 连接）一起构成时的电路接线图。

任务 **6**

三相交流电路的识读及测试

五、计算题

1. 有一对称三相负载成星形连接，每相阻抗均为 22 Ω，功率因数为 0.8，又测出负载中的电流为 10 A，那么三相电路的有功功率为多少？无功功率为多少？视在功率为多少？假如负载为感性设备，则等效电阻是多少？等效电感量为多少？

2. 已知对称三相交流电路，每相负载的电阻为 $R=16\ \Omega$，感抗为 $X_L=12\ \Omega$。

（1）设电源电压为 $U_L=380\ V$，求负载星形连接时的相电流、相电压和线电流，以及三相负载吸收功率；

（2）设电源电压为 $U_L=220\ V$，求负载为△连接时的相电流、相电压和线电流，以及三相负载吸收功率；

（3）设电源电压为 $U_L=380\ V$，求负载为△连接时的相电流、相电压和线电流，以及三相负载吸收功率。

3. 有 220 V/100 W 的电灯 66 个，应如何接入线电压为 380 V 的三相四线制电网中？求负载对称情况下的线电流。

4. 一台三相交流电动机，定子绕组星形连接于 $U_L=380\ V$ 的对称三相电源上，其线电流 $I_L=2.2\ A$，$\cos\varphi=0.8$，试求每相绕组的阻抗 Z。

5. 已知电路如图 6-20 所示，电源电压 $U_L=380\ V$，每相负载的阻抗为 $R=X_L=X_C=10\ \Omega$。

（1）该三相负载能否称为对称负载？为什么？

（2）计算中性线电流和各相电流，画出相量图；

（3）求三相总功率。

6. 已知如图 6-21 所示的三相四线制电路，三相负载连接成星形，电源线电压为 380 V，负载电阻 $R_a=11\ \Omega$，$R_b=R_c=22\ \Omega$。试求：

（1）负载的各相电压、相电流、线电流和三相总功率；

（2）中性线断开，A 相又短路时的各相电流和线电流；

（3）中性线断开，A 相断开时的各线电流和相电流。

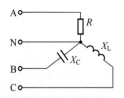

图 6-20　计算题 5 电路

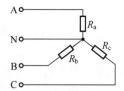

图 6-21　计算题 6 电路

7. 电路如图 6-22 所示，已知 $Z=(12+j16)\ \Omega$，$I_1=32.9\ A$，求 U_L。

8. 对称三相电阻炉做三角形连接，每相电阻为 38 Ω，接于线电压为 380 V 的对称三相电源上，试求负载相电流 I_p、线电流 I_1 和三相有功功率 P。

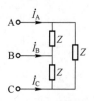

图 6-22　计算题 7 电路

9. 对称三相电源，线电压 $U_1=380\ V$，对称三相感性负载做三角形连接，若测得线电流 $I_1=17.3\ A$，三相功率 $P=9.12\ kW$，求每相负载的电阻和感抗。

任务 ⑦

➡ **变压器的认识与测试**

变压器是电力系统和电子电路中常用的一种电器，它同其他各种电机、电工测量仪表等一样，都离不开铁芯线圈，它们存在着电与磁之间的相互作用和转化。其中线圈构成电路，铁芯构成磁路。通过本任务的学习，可以使学生在了解磁路及其基本规律的基础上，了解变压器的结构和原理，熟悉变压器的作用和功能，掌握变压器的应用和绕组极性判别的方法。

学习目标

（1）了解磁路及其基本规律；
（2）理解耦合电感模型，掌握耦合电感连接规律；
（3）了解变压器的结构、原理和特点，能识别变压器的类型；
（4）熟悉变压器的主要功能和用途；
（5）理解互感线圈同名端的概念，能通过测试判定互感线圈同名端；
（6）掌握变压器的应用和绕组极性判别的方法；
（7）培养电器使用、测试和维护能力；
（8）培养阅读科技文献资料的能力和团队协作精神。

任务描述

以"变压器的认识与测试"为任务，将磁场和磁路相关的基础知识、变压器的基本结构和工作原理、变压器的类型识别、互感线圈连接及其规律、互感线圈同名端概念等内容，与互感线圈同名端的测试和判定、变压器性能基本检测和变压器绕组极性的判别等技能相结合，完成以下任务：

（1）弄清磁路、互感线圈及相关基础知识；
（2）变压器电路符号和变压器实物的对照识读；
（3）互感线圈同名端的测试和判定；
（4）变压器基本作用的测量验证；
（5）变压器绝缘电阻、直流电阻等的测量；
（6）变压器绕组极性的测试和判定。

 **相关知识**

一、磁路的认识

（一）磁场的基本物理量

1. 磁感应强度（磁通密度）

磁感应强度是表示磁场内某点的磁场强弱和方向的物理量，它是一个矢量。磁场内某一点的磁感应强度可用该点磁场作用于单位长度内单位电流的直导体上的力 F 来衡量，该导体与磁场方向垂直。磁感应强度 B 与电流之间的方向关系可用右手螺旋定则来确定，其大小可用式（7-1）表示。

$$B = \frac{F}{Il} \tag{7-1}$$

在 SI 单位制中，B 的单位为 T（特［斯拉］），特［斯拉］也就是韦每平方米（Wb/m^2）。

在电动机中，气隙中的磁感应强度 B 通常为 $0.4 \sim 0.5$ T，铁芯中为 $1 \sim 1.8$ T。

磁感应强度大小相等、方向相同的磁场称为均匀磁场。在均匀磁场中磁感应强度 B 有时也可以用与磁场垂直的单位面积的磁通来表示，即

$$B = \frac{\Phi}{S} \tag{7-2}$$

故 B 又称磁通密度（简称磁密），式中 Φ 单位为 Wb（韦［伯］），S 的单位为 m^2。

2. 磁通

在均匀磁场中，磁通 Φ 等于磁感应强度 B 与垂直于磁场方向的面积 S 的乘积，单位是韦伯（Wb），即磁通反映穿过截面 S 的磁感线的条数，因此常把磁通称为磁通量。

3. 磁导率

磁导率是用来表示磁场中介质导磁性能的物理量，单位为 H/m（亨［利］每米）。实验测得，真空的磁导率是个常数，为 $\mu_0 = 4\pi \times 10^{-7}$ H/m。其他介质的磁导率一般用与真空磁导率的倍数来表示，记作 μ_r，称为相对磁导率。μ_r 越大，介质的导磁性能就越好。

自然界中的物质按磁导率大小可分为磁性材料和非磁性材料两大类。铁磁物质的磁导率远大于真空的磁导率，如硅钢片 $\mu_r = 6\,000 \sim 8\,000$；非铁磁物质的磁导率与真空极为接近，如空气 $\mu_r = 1.000\,003$，铜 $\mu_r = 0.999\,99$。

铁磁性物质广泛应用在变压器、电动机、磁电式电工仪表等电工设备中，只要在线圈中通入不大的电流，就可获得足够的磁场（即产生足够大的磁感应强度）。

4. 磁场强度

在外磁场（如载流线圈的磁场）作用下，物质会被磁化而产生附加磁场，不同的物质，其附加磁场的大小不同，这就给分析带来不便。为分析电流和磁场的依存关系，引入了一个把电和磁定量沟通起来的辅助物理量，这个量即为磁场强度 H。磁场强度只与产生磁场的电流及这些电流分布有关，而与磁介质的磁导率无关。H 的大小由 B 与 μ_r 的比值决定。即磁场强度为

$$H = \frac{B}{\mu_r} \tag{7-3}$$

（二）磁性材料的磁性能

磁性材料主要是指钢、铁、钴、镍及其合金等材料，它们是制造电动机、变压器和各种电器元件铁芯的主要材料。磁性材料的磁性能主要是指以下几个方面。

1. 高磁导率

磁性材料具有很强的导磁能力，磁导率可达 $10^2 \sim 10^4$，由铁磁材料组成的磁路磁阻很小，在线圈中通入较小的电流即可获得较大的磁通。由于磁性材料具有高导磁性，所以各种电动机、变压器和电器的电磁系统的铁芯都由磁性材料构成。与空心线圈相比，铁芯线圈达到一定的磁通或磁感应强度，所需的磁化力（励磁电流）会大大降低。因此，利用优质的磁心材料，可使同一电动机、变压器的质量和体积大大减小。

2. 磁饱和性

磁性材料在磁化过程中 B 不会随 H 的增强而无限增强，H 增大到一定值时，B 不能继续增强，如图 7-1（a）所示。各种磁性材料的磁化曲线可以通过实验得出。

3. 磁滞性

铁芯线圈中通过交变电流时，H 的大小和方向都会改变，铁芯在交变磁场中反复磁化，在反复磁化的过程中，B 的变化总是滞后于 H 的变化。如图 7-1（b）所示为铁磁性物质的磁滞回线。根据磁滞回线的差异，可以将磁性材料分成三种类型：一类是软磁材料，如纯铁、铸铁、硅钢、坡莫合金、铁氧体等，这类材料的磁滞回线狭窄，剩磁和矫顽磁力均较小，常用来做成电动机、变压器的铁芯，也可做成计算机的磁心、磁鼓，以及录音机的磁带、磁头；另一类是硬磁材料，如碳钢、钨钢、钴钢以及铁镍合金等，这类材料的磁滞回线较宽，剩磁和矫顽磁力都较大，适宜做永久磁铁；再一类是矩磁材料，如镁锰铁氧体等，磁滞回线接近矩形，在计算机和控制系统中，可用作记忆元件、开关元件和逻辑元件。

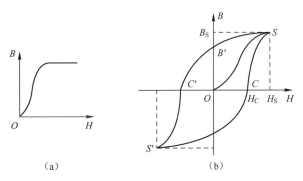

（a）　　　　　　　　　　　　（b）

图 7-1　磁化曲线和磁滞回线

（三）磁路及其欧姆定律

1. 磁路

如图 7-2 所示，因铁芯是一种铁磁性材料，它具有良好的导磁性能，能使绝大部分磁通经铁芯形成一个闭合通路。线圈通以电流（励磁电流）产生磁场，这使铁芯被线圈磁场磁化产生较强的附加磁场，它叠加在线圈磁场上，使磁场大为加强，或者说，线圈通以较小的电流便可产生较强的磁场。有了铁芯，使磁通集中在一定的路径内，这种人为地使磁通集中通过的路径称为磁路。集中在一定路径上的磁通称为主磁通，主磁通经过的磁路通常由铁芯（铁磁性材料）及空气隙组成。不通过铁芯，仅与本线圈交链的磁通称为漏磁通。在实际应用中，由于漏磁通很少，有时可以忽略不计它的影响。

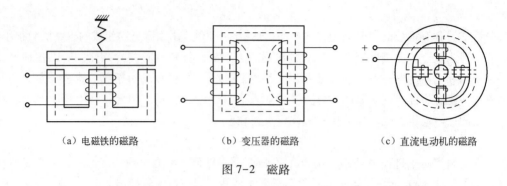

（a）电磁铁的磁路 　　　　　（b）变压器的磁路 　　　　　（c）直流电动机的磁路

图 7-2　磁路

2. 磁路的欧姆定律

励磁线圈通过励磁电流会产生磁通（即电生磁），通过实验发现，励磁电流 I 越大，产生的磁通就越多；线圈的匝数越多，产生的磁通也越多。把励磁电流 I 和线圈匝数 N 的乘积 NI 称为磁通势 F，它是磁路中产生磁通的源泉。单位为 A（安 [培]）。

$$F = NI \tag{7-4}$$

磁通 Φ 由磁通势 F 产生，它的大小除与磁通势有关外，还与什么因素有关呢？由实验得知，当磁通势一定时：① 铁芯材质的磁导率 μ_r 越高，磁通就越多；② 铁芯磁路截面 S 越大，磁通也越多；③ 铁芯磁路 l 越长，磁通却越少。可以证明，当磁通势 F 一定时，磁通 Φ 与 μ_r、S 成正比，而与 l 成反比。它们间的关系是

$$\Phi = F\frac{\mu_r S}{l} = \frac{F}{\dfrac{l}{\mu_r S}} = \frac{F}{R_m} \tag{7-5}$$

式中：$R_m = \dfrac{l}{\mu_r S}$，R_m 称为磁阻，是表示磁路对磁通起阻碍作用的物理量，它与磁路的材质及几何尺寸有关。式（7-5）的结构形式与电路欧姆定律相似，故称为磁路的欧姆定律。因铁磁物质的磁阻 R_m 不是常数，它会随励磁电流 I 的改变而改变，因而通常不能用磁路的欧姆定律直接计算，但可以用于定性分析很多磁路问题。

以上这种由铁芯和绕组构成的整体，既有绕组构成电路，又有铁芯构成磁路，我们称之为交流铁芯线圈电路。可以证明：交流铁芯线圈的主磁通只与交流电源电压、交流电源频率以及线圈匝数有关。对于一定的铁芯绕组，只要绕组所接交流电源的 U、f 不变，主磁通大小就基本不变。这一关系适用于一切交流励磁的回路，如变压器、电磁铁、交流电动机、交流接触器等。

二、耦合电感及其连接

在前面正弦交流电路中，已经知道了电感元件在正弦交流电路中的电压和电流的关系。当通过电感线圈的电流变化时，穿过线圈的磁通也随之变化，线圈中将产生感应电动势。这

种由于线圈自身的电流变化而产生感应电动势的现象就自感现象，由此产生的感应电动势叫作自感电动势，感应电压叫作自感电压。若在此线圈附件放置另外一个线圈，则会产生互感现象。如果两个线圈的磁场存在相互作用，则称这两个线圈具有磁耦合。具有磁耦合的两个或两个以上的线圈，称为耦合线圈。耦合线圈的理想化模型就是耦合电感。

（一）互感现象

图7-3所示为两个有磁耦合的线圈（简称耦合电感）。线圈1、2的匝数分别为N_1和N_2，电感分别为L_1和L_2，其中的电流i_1和i_2又称为施感电流。图7-3（a）中，当i_1通过线圈1时，线圈1中将产生自感磁通Φ_{11}，方向如图7-3（a）所示，Φ_{11}在穿越自身的线圈时，所产生的磁通链为ψ_{11}，ψ_{11}称为自感磁通链，$\psi_{11}=N_1\Phi_{11}$。Φ_{11}的一部分或全部交链线圈2时，线圈1对线圈2的互感磁通为Φ_{21}，Φ_{21}在线圈2中产生的磁通链为ψ_{21}，ψ_{21}称为互感磁通链，$\psi_{21}=N_2\Phi_{21}$。同样，图7-3（b）线圈2中的电流i_2也在线圈2中产生自感磁通Φ_{22}和自感磁通链ψ_{22}。在线圈1中产生互感磁通Φ_{12}和互感磁通链ψ_{12}。这种当一个线圈由于自身电流交变而引起磁通变化时，不仅在本线圈产生感应电动势，还会在与它交链的其他线圈中产生感应电动势（或电压），这种现象叫作互感现象，产生的感应电压叫作互感电压。

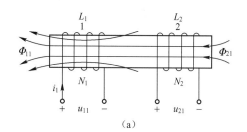 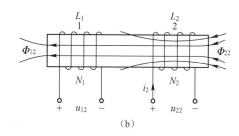

图7-3　两个耦合的电感线圈

每个耦合线圈中的磁通链等于自感磁通链和互感磁通链两部分的代数和，设线圈1和2的磁通链分别为ψ_1和ψ_2，则

$$\psi_1=\psi_{11}\pm\psi_{12}，\psi_2=\psi_{21}\pm\psi_{22} \tag{7-6}$$

当周围空间为线性磁介质时，自感磁通链为

$$\psi_{11}=L_1i_1，\psi_{22}=L_2i_2$$

互感磁通链为

$$\psi_{12}=M_{12}i_2，\psi_{21}=M_{21}i_1$$

上两式中：L_1和L_2称为自感系数，简称自感，M_{12}和M_{21}称为互感系数，简称互感，单位均为亨［利］（H）。可以证明$M_{12}=M_{21}$，所以在只有两个线圈耦合时可以略去M的下标，不再区分M_{12}和M_{21}，都用M表示。于是两个耦合线圈的磁通链可表示为

$$\psi_1=L_1i_1\pm Mi_2，\psi_2=\pm Mi_1+L_2i_2 \tag{7-7}$$

自感磁通链总为正，互感磁通链可正可负。当互感磁通链的参考方向与自感磁通链的参考方向一致时，彼此相互加强，互感磁通链取正；反之，互感磁通链取负。互感磁通链的方向由它的电流方向、线圈绕向及相对位置决定。

互感现象在电工电子技术中有着广泛的应用。变压器就是互感现象应用的重要例子。在电子电路中许多电感性器件之间也存在着互感现象，它会干扰影响电路中信号的传输质量，

这是不希望出现的。

（二）互感电压

如图 7-3 所示，设由于线圈 L_1 中电流 i_1 的变化而在线圈 L_2 中产生的互感电压为 u_{21}，由于线圈 L_2 中电流 i_2 的变化而在线圈 L_1 中产生的互感电压为 u_{12}，由电磁感应定律可知，u_{21}、u_{12} 的大小分别为

$$|u_{21}| = M_{21}\left|\frac{\mathrm{d}i_1}{\mathrm{d}t}\right|, \quad |u_{12}| = M_{12}\left|\frac{\mathrm{d}i_2}{\mathrm{d}t}\right| \tag{7-8}$$

对线性电感，M_{12} 和 M_{21} 相等，记为 M。当实际线圈周围没有铁磁性物质时，可认为 M 为常数，它不随时间、电流值变化，其值大小只与线圈的几何尺寸、匝数、相对位置和磁介质有关。当用铁磁材料做耦合电路时，M 将不是常数。

两互感线圈之间电磁感应现象的强弱程度不仅与它们的互感系数有关，还与它们各自的自感系数有关，并且取决于两线圈之间磁链耦合的松紧程度，表征两线圈之间磁链耦合的松紧程度用耦合系数 k 来表示，即

$$k = \frac{M}{\sqrt{L_1 L_2}} \tag{7-9}$$

通常一个线圈产生的磁通不能全部穿过另一个线圈，所以一般情况下，k 总是小于 1，k 越大表示漏磁通越小，两个线圈耦合得越紧。当漏磁通很小且可忽略不计时，$k=1$，这种理想情况称为全耦合；若两线圈之间无互感，则 $M=0$，$k=0$。故 k 的取值范围是 $0 \leqslant k \leqslant 1$。

当两个线圈的匝数和几何尺寸一定时，耦合系数 k 的大小主要与两线圈的相互位置有关。当两线圈靠得很近且轴线相互平行时，k 值就越大；若两个线圈紧密地绕在一起，则 k 值就接近于 1；若两线圈离得很远或轴线相互垂直时，k 值就越小，甚至接近零。

在电子技术和电力变压器中，为了更有效地传输信号或功率，总是采用极紧密的耦合，使 k 值尽可能接近于 1，一般采用铁磁性材料制成铁芯即可达到目的。在工程上有时也要尽量减小互感的作用，以避免线圈之间的相互干扰，这方面除了采用屏蔽手段外，一个有效的方法就是合理布置这些线圈的相互位置。

（三）互感线圈的同名端及测定

在实际应用中，由于电气设备中的线圈都是密闭在壳体内，一般无法看清线圈的绕向，因此在电路图中常常也不采用将线圈绕向绘出的方法，通常采用"同名端标记"表示绕向一致的两相邻线圈的端子。

1. 同名端的定义

互感线圈中，当两个电流分别从两个线圈的对应端子同时流入（或流出）时，若产生的磁通相互增强，则这两个对应端子称为这两互感线圈的同名端。同名端通常用标记"●"或"*"标出，如图 7-4 所示。当 i_1 和 i_2 分别从 a、d 端流入时，所产生的磁通相互增强，a 与 d 是一对同名端（b 与 c 也是一对同名端）；a 与 c 是一对异名端（b 与 d 也是一对异名端）。有了同名端的规定，图 7-4 所示的耦合线圈在电路中可用图 7-5 所示的有同名端标记的电路模型表示。

如果电流的参考方向由线圈的同名端指向另一端，那么由这一电流在另一线圈内产生的互感电压的参考方向也应由该线圈的同名端指向另一端，如图 7-6 所示。

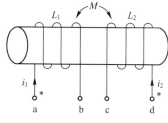

图 7-4　互感线圈的同名端

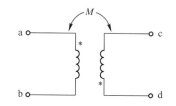

图 7-5　互感线圈的同名端标记电路模型

因此，如果知道了耦合电感的同名端，不必知道线圈的具体绕向也能正确列出耦合电感的伏安关系。如图 7-7 所示，根据标定的同名端和电流的参考方向，可求得互感电压为

图 7-7（a）：

$$u_{21} = M\frac{\mathrm{d}i_1}{\mathrm{d}t}$$

图 7-7（b）：

$$u_{21} = -M\frac{\mathrm{d}i_1}{\mathrm{d}t}$$

图 7-7（b）与图 7-7（a）比较，它们的互感电压的参考方向和电流的参考方向相同，但同名端的方向不同，于是互感电压的伏安关系表达式符号不同。

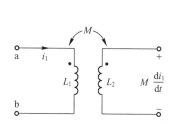

图 7-6　利用同名端判断互感电压方向

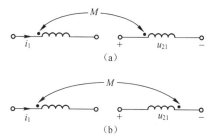

图 7-7　同名端标记与互感电压的正负号

2. 同名端的测定

1）直流法

对于未标明同名端的一对耦合线圈，我们可以采用实验的方法加以判断其同名。实验电路如图 7-8 所示，把一个线圈通过开关 S 接到一个直流电源上，把一个直流电压表接到另一线圈上。把 S 迅速闭合，就有随时间增大的电流从电源正极流入线圈端钮 A，如果电压表指针正向偏转，就说明 C 端为高电位端，由此判断，A 端和 C 端是同名端；如果电压表指针反向偏转，就说明 C 端为低电位端，由此判断，A 端和 D 端是同名端。

2）交流法

如图 7-9 所示，把两个线圈的任意两端 B、D 连接，然后在 A、B 间加一个交流低压 u_{AB}。测量 U_{AB}、U_{AC}、U_{CD}，若 $U_{AC} = |U_{AB} - U_{CD}|$，则说明 A 与 C 或 B 与 D 为同名端；若 $U_{AC} = |U_{AB} + U_{CD}|$，则说明 A 与 D 或 B 与 C 为同名端。

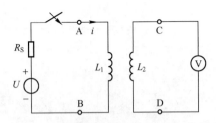

图 7-8　直流法测定同名端的实验电路

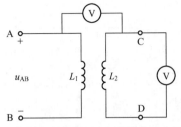

图 7-9　交流法测同名端的实验电路

（四）互感线圈连接

1. 互感线圈的串联

具有互感的两线圈串联的电路，有两种可能的接法：一种是正向串联，即两线圈一对异名端相连，另一对异名端与外电路相连，如图 7-10（a）所示；另一种是反向串联，即两线圈的一对同名端相连，另一对同名端与外电路相连，如图 7-10（b）所示。

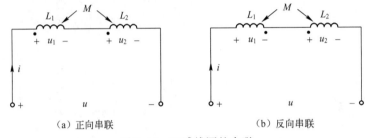

（a）正向串联　　　　　　　　　（b）反向串联

图 7-10　互感线圈的串联

通过电路分析可以证明，互感线圈正向串联时等效电感增加，反向串联时等效电感减少。设正、反向串联时的等效电感分别用 L_{FW}、L_R 表示，则 L_{FW}、L_R 为

$$L_{FW} = L_1 + L_2 + 2M \tag{7-10}$$

$$L_R = L_1 + L_2 - 2M \tag{7-11}$$

于是可以得出由两个互感线圈串联的无互感等效电路，如图 7-11 所示。

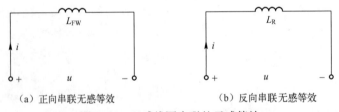

（a）正向串联无感等效　　　　　　（b）反向串联无感等效

图 7-11　互感线圈串联的无感等效

2. 互感线圈的并联

互感线圈的并联也有两种形式，一种是两个线圈的同名端相连，称为同侧并联，如图 7-12（a）所示；另一种是两个线圈的异名端相连，称为异侧并联，如图 7-12（b）所示。

若互感线圈同侧并联和异侧并联时的等效电感用 L 表示，通过电路分析可以证明，L 为

$$L = \frac{L_1 L_2 - M^2}{L_1 + L_2 \pm 2M} \tag{7-12}$$

式中分母的负号对应于同侧并联，正号对应于异侧并联。于是可以得出由两个互感线圈并联

的无互感等效电路，如图 7-13 所示。

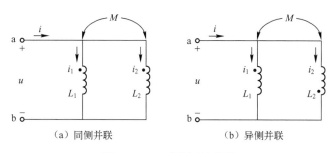

（a）同侧并联   （b）异侧并联

图 7-12　互感线圈的并联

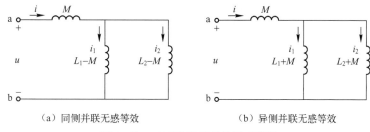

（a）同侧并联无感等效   （b）异侧并联无感等效

图 7-13　互感线圈并联的无感等效

【例 7-1】已知两个互感耦合线圈的 $L_1 = 0.4\,H$，耦合系数 $k = 0.5$，互感系数 $M = 0.1\,H$，求 L_2 的值。当两个互感耦合线圈为全耦合时，互感系数 M 的值为多少？

解　（1）由公式 $k = \dfrac{M}{\sqrt{L_1 L_2}}$ 得

$$L_2 = \frac{M^2}{k^2 L_1} = \frac{0.1^2}{0.5^2 \times 0.4}\,H = 0.1\,H$$

（2）全耦合时 $k = 1$，则

$$M = k \times \sqrt{L_1 L_2} = 1 \times \sqrt{0.1 \times 0.4}\,H = 0.2\,H$$

【例 7-2】求图 7-14 所示各电路 ab 端的等效电感。

$M=1\,H$　　　　　　　　　$M=2\,H$

（a）　　　　　　　　　　　　（b）

图 7-14　例 7-2 图示

解　（1）对图 7-14（a），属于互感线圈正向串联，根据公式可得

$$L_{ab} = L_1 + L_2 + 2M = 4\,H + 3\,H + 2 \times 1\,H = 9\,H$$

（2）对图 7-14（b），属于互感线圈反向串联，根据公式可得

$$L_{ab} = L_1 + L_2 - 2M = 5\,H + 6\,H - 2 \times 2\,H = 7\,H$$

三、变压器的认知与测试

变压器是各种电气设备及电子系统中广泛应用的一种器件，它是利用互感耦合来实现能量或信号从一个电路向另一个电路的传输。

在电力系统中，传输电能的变压器称为电力变压器。它是电力系统中的重要设备，在远距离输电中，当输送一定功率时，输电电压越高，则电流越小，输电导线截面、线路的能量损耗及电压损失也越小，为此大功率远距离输电，都将输出电压升高。而用电设备的电压又较低，为了安全可靠用电，需要把电压降下来。因此变压器对电力系统的经济输送、灵活分配及安全用电有着极其重要的意义。

在电子线路中，常需要一种或几种不同电压的交流电，因此电源变压器将电网电压转换为所需的各种电压。除此之外，变压器还用来耦合电路、传送信号和实现阻抗匹配等。图 7-15 为几种常见变压器的外形图。

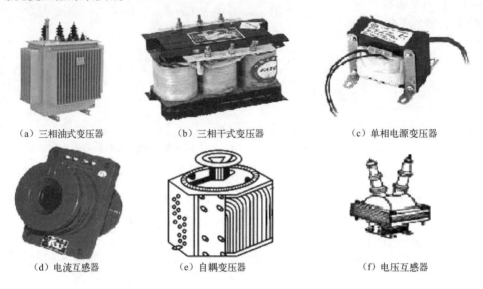

（a）三相油式变压器　　　　（b）三相干式变压器　　　　（c）单相电源变压器

（d）电流互感器　　　　　　（e）自耦变压器　　　　　　（f）电压互感器

图 7-15　常见变压器外形图

（一）变压器的结构

变压器的结构由于它的使用场合、工作要求及制造等原因有所不同，结构形式多种多样，但其基本结构都相类似，均由铁芯、线圈（或称绕组）、油箱、散热器、绝缘导管等组成。

铁芯是变压器的磁路部分，为了减小铁芯损耗，通常用厚度为 0.35 mm 或 0.5 mm 两面涂有绝缘漆的硅钢片叠压而成。要求耦合性能好，铁芯都做成闭合形状，其线圈缠绕在铁芯柱上；对高频范围使用的变压器（数百千赫以上），要求耦合弱一点，绕组就缠绕在"棒形"（不闭合）铁芯上，或制成空心变压器（没有铁芯）。按线圈套装铁芯的情况的不同，可分为心式和壳式两种。电力变压器多采用心式铁芯结构。

线圈是变压器的电路部分，为降低电阻值，多用导电性能良好的铜线缠绕而成。其中，与电源连接的是一次绕组（原绕组），与负载连接的是二次绕组（副绕组）。单相变压器的结构如图 7-16 所示。

（二）变压器的分类与应用

变压器的种类非常多，根据线圈之间使用的耦合材料不同，可分为空心变压器、磁心变压器和铁芯变压器三大类；根据工作频率的不同又可将变压器分为：高频变压器、中频变压器、低频变压器、脉冲变压器。收音机中的磁性天线是一种高频变压器。用在收音机的中频放大级为中频变压器，俗称"中周"。低频变压器的种类较多，有电源变压器、输出变压器、

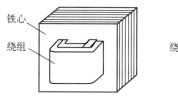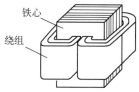

图 7-16　单相变压器结构示意图

输入变压器、线间变压器等。下面简要介绍一些变压器的特点及应用。

（1）电力变压器：电力变压器按用途又可分为升压、降压、配电、厂用、矿用、联络变压器等；按相数可分为单相、三相变压器两种；按绕组数可分为双绕组、三绕组、自耦变压器；按冷却方式可分为油浸自冷式、油浸风冷式、油浸水冷式、强迫油循环风冷式、强迫油循环水冷式变压器等；按绝缘介质可分为油浸式、合成非燃性油浸式、SF6 气体绝缘式、蒸发冷却气体绝缘式及浇铸干式变压器等；按调压方式可分为无励磁调压式和有载调压式变压器。特种变压器主要有：整流变压器、电炉变压器、电气化铁路专用变压器、电焊变压器、高压直流输电换流阀用变压器、中频变压器、工频高压试验变压器、大电流冲击变压器、仪用互感器（变换电压用的电压互感器和变换电流用的电流互感器）及隔离变压器等。

（2）空芯变压器：由两个空芯线圈互相靠近，而又彼此绝缘固定在纸筒、胶木筒上组成的。电子管收音机电路中就采用这种空芯变压器。通过它，可以把天线中接收到的信号耦合到变频级进行变频和放大。

（3）磁芯变压器：由两个线圈与固定磁芯所组成。晶体管收音机电路中的天线线圈就是这种磁芯变压器。若用两组导线绕制在同一磁芯上，并在上面加一个磁帽，当旋动磁帽时，可微调线圈的电感量。

（4）铁芯变压器：两组或多组线圈中间插入硅钢片就组成铁芯变压器。收音机功放电路中采用这种变压器。它的作用是变换阻抗和传输信号。在收录机、稳压电源及仪器设备中用的小功率电源变压器也是铁芯变压器。

（5）电源变压器：用于各种电子设备和仪器。一次侧接入电源，次级可有多个输出不同电压的绕组。

（6）音频变压器：主要做级间耦合、阻抗匹配和功率传输等。音频变压器包括话筒变压器、输入及输出变压器、级间变压器、隔离变压器等。这种变压器的频率响应好，对工作于音频低端的主电感量要大；工作于音频高端的漏感量和分布电容要小。可选择磁导率较高的磁心和采用分段及交叉绕法等措施来实现。

（7）脉冲变压器：用于计算机、雷达、电视等的脉冲电路中。主要用做脉冲电压幅度变换、阻抗匹配、脉冲功率输出等。当输入为矩形脉冲时，漏感和分布电容将影响脉冲前沿抖动，而分布电容和初级电感量有可能在后沿引起振荡；如脉冲宽度较大，则主电感量的大小将是主要的影响因素。为此，要想从二次侧获得小失真和最低功耗的脉冲输出，对铁芯的选择和绕组结构的要求都应比音频变压器严格，脉冲重复频率越高，要求也越严。

（三）变压器的工作原理

变压器是利用互感耦合来传输能量的一种器件，理想变压器是一种特殊的无损耗全耦合变压器，是对实际变压器的一种抽象，是实际变压器的理想化模型。

任务 7　变压器的认识与测试

1. 理想变压器的三个理想条件

理想变压器可以看成是互感元件在满足以下三个理想条件而来的。

（1）全耦合，即耦合系数 $k=1$；

（2）工作时无损耗，即一次、二次绕组电阻 R_1、R_2 均为零，铁芯的磁导率为无穷大；

（3）L_1、L_2 和 M 都趋于无穷大且 $\sqrt{L_1/L_2}$ 为常数。

2. 变压器的工作原理

图 7-17、图 7-18 分别为单相变压器的电路结构图和理想变压器的电路符号。设一次绕组、二次绕组的匝数分别为 N_1 和 N_2。

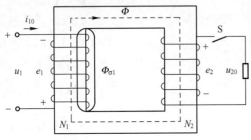
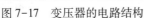
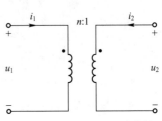

图 7-17　变压器的电路结构　　　　　图 7-18　变压器的电路符号

1）变压器空载运行

变压器的一次绕组接上交流电压，二次侧开路，这种运行状态称为变压器空载运行。在外加电压 u_1 的作用下，一次绕组内通过的电流称为励磁电流 i_{10}，二次绕组中的电流 $i_2=0$，二次电压为开路电压 u_{20}。不计线圈电阻及漏感，可以证明有以下结论成立：

$$u_1=N_1\frac{\mathrm{d}\Phi}{\mathrm{d}t}\qquad u_2=N_2\frac{\mathrm{d}\Phi}{\mathrm{d}t}$$

由此可得理想变压器的电压关系

$$k=\frac{U_1}{U_{20}}\approx\frac{N_1}{N_2}\tag{7-13}$$

式中：k 为变压器的变比。式（7-13）表明，变压器空载运行时，一、二次的电压有效值之比等于一、二次绕组的匝数比。当变压器一、二次绕组匝数不同时，可以把某一数值的交流电压变换为同频率的另一数值的交流电压，这就是变压器的电压变换作用。当变压器的 $N_1>N_2$，即 $k>1$ 时，称为降压变压器；反之，当 $N_1<N_2$，即 $k<1$ 时，称为升压变压器。

2）变压器负载运行

变压器的一次绕组接上交流电源，二次绕组接有负载的运行状态称为负载运行。由于二次侧接有负载，二次绕组中就有电流 i_2 流过。因当电源电压 U_1 和电源频率 f 一定时，Φ_m 近似为常数。因此，空载时的磁动势 N_1i_{10} 和负载状态下铁芯中的合成磁动势（$N_1i_1+N_2i_2$）应近似相等，即

$$N_1i_{10}=N_1i_1+N_2i_2$$

在额定状态下可以将 i_{10} 忽略不计，则有

$$\frac{i_1}{i_2}\approx-\frac{N_2}{N_1}$$

用其有效值可以表示为

$$\frac{I_1}{I_2}\approx\frac{N_2}{N_1}\approx\frac{1}{k}\tag{7-14}$$

式（7-14）表明变压器一、二次绕组的电流有效值之比与它们的匝数比成反比。

由于二次绕组的内阻抗很小，在二次侧带负载时的电压与空载时的电压基本相等，即

$$u_2 \approx u_{20} \tag{7-15}$$

根据式（7-13）和式（7-14）可得

$$\frac{U_1}{U_{20}} \approx \frac{U_1}{U_2} = \frac{I_2}{I_1} \tag{7-16}$$

由式（7-16）可看出，变压器一、二次绕组中电压高的一边电流小，而电压低的一边电流大；变压器可以把一次绕组的能量通过 Φ_m 的联系传到二次侧，从而实现能量的传输。

【例7-3】 一台 220/36 V 的行灯变压器，已知一次线圈匝数 $N_1 = 1\,100$ 匝，试求二次线圈匝数。若在二次线圈侧接一盏 36 V、100 W 的白炽灯，问一次电流为多少？（忽略空载电流和漏阻抗压降）

解 由变压器的变比公式可得

$$\frac{220}{36} = \frac{1\,100}{N_2}$$

故 $N_2 = 180$（匝），二次侧通过白炽灯的电流为

$$I_2 = \frac{P_2}{U_2} = \frac{100}{36}\,\text{A} = \frac{25}{9}\,\text{A}$$

根据变压器变流规律可得

$$I_1 = \frac{N_2}{N_1}I_2 = \frac{36}{220} \times \frac{25}{9}\,\text{A} \approx 0.455\,\text{A}$$

3）变压器的阻抗变换

变压器除了变换电压和电流外，还可以进行阻抗变换，以实现"匹配"。如图 7-19（a）所示，负载阻抗 $|Z_2|$ 接在变压器二次侧，这时从一次侧看进去的阻抗，如图 7-19（b）所示，即二次侧反映到一次侧的等效阻抗 $|Z_1|$ 为

$$|Z_1| = \frac{U_1}{I_1} = \frac{\dfrac{N_1}{N_2}U_2}{\dfrac{N_2}{N_1}I_2} = \left(\frac{N_1}{N_2}\right)^2 |Z_2|$$

即

$$|Z_1| = \left(\frac{N_1}{N_2}\right)^2 |Z_2| = k^2 |Z_2| \tag{7-17}$$

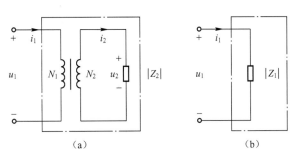

图 7-19　变压器的阻抗匹配

又称折算阻抗。式（7-17）表明，在忽略漏抗的情况下，只要改变变压器的匝数比，就可以把负载阻抗等效变换为合适的值，负载阻抗性质保持不变，这种变换就称为阻抗变换。

【例 7-4】 设交流信号源电压 $U = 100\ \text{V}$，内阻 $R_0 = 800\ \Omega$，负载 $R_L = 8\ \Omega$。

（1）将负载直接接至信号源上，求负载获得多大功率？

（2）经变压器进行阻抗匹配，求负载获得的最大功率是多大？变压器的变比为多少？

解 （1）将负载直接接至信号源上，负载获得功率为

$$P = I^2 R_L = \left(\frac{U}{R_0 + R_L}\right)^2 R_L = \left(\frac{100}{800 + 8}\right)^2 \times 8\ \text{W} = 0.123\ \text{W}$$

（2）负载获得最大功率时，R_L 折算到一次的等效阻抗为 $800\ \Omega$，负载获得的最大功率为

$$P_{\max} = I^2 R'_L = \left(\frac{U}{R_0 + R'_L}\right)^2 R'_L = \left(\frac{100}{800 + 800}\right)^2 \times 800\ \text{W} = 3.125\ \text{W}$$

变压器的变比为

$$k = \frac{N_1}{N_2} = \sqrt{\frac{R_0}{R_L}} = \sqrt{\frac{800}{8}} = 10$$

（四）变压器的铭牌参数

对于任何一台电气设备，我们都应该养成看说明书和铭牌参数的习惯。铭牌上的参数是设备运行的依据。变压器的铭牌参数，是制造厂商根据设计或试验数据，列出的变压器正常运行时的规定值。

1. 额定容量

额定容量（S_N）指变压器在厂家铭牌规定的条件下，在额定电压、额定电流下连续运行时所输出的容量。以视在功率的千伏·安（kV·A）为单位。

单相变压器：

$$S_N = U_N I_N$$

三相变压器：

$$S_N = \sqrt{3}\, U_N I_N$$

2. 额定电压

额定电压（U_N）指变压器长时间运行时，各绕组在空载时额定分接头下的电压值，以伏（V）或千伏（kV）为单位。在三相变压器中，如无特别说明，额定电压都是指线电压。

3. 额定电流

额定电流（I_N）指变压器各绕组在额定容量下，长时间运行所允许通过的电流值，以安为单位。在三相变压器中，如无特别说明，都是指线电流。

4. 电压比

电压比（变比）指变压器各侧额定电压之比，即

$$k = \frac{U_{1N}}{U_{2N}}$$

5. 短路损耗

短路损耗（铜损）指变压器原、副边绕组流过额定电流时，在绕组电阻上所消耗的功率之和。为减小短路损耗，一般选用电导率高的导线做变压器绕组。

6. 空载损耗

空载损耗（铁损）指变压器在额定电压下（副边开路）铁芯中消耗的功率，包括磁滞损耗和涡流损耗。为减小磁滞损耗，选用软磁材料做铁芯；为减小涡流损耗，变压器的铁芯采用双面涂有绝缘漆的硅钢片叠加而成。

变压器是静止电动机，其损耗相对较小，所以效率很高。控制装置中的小型电源变压器效率在80%以上，电力变压器效率一般均在95%以上。值得注意的是，变压器并非在额定负载时运行效率最高，对电力变压器，在50%～75%的额定负载时效率最高。

7. 短路阻抗

短路阻抗（短路电压）指变压器二次侧短路，一次侧施加电压慢慢加大，当二次侧产生的短路电流等于额定电流时，短路阻抗数值上等于一次侧所施加的电压。

（五）特殊变压器

1. 自耦变压器

图7-20是自耦（降压）变压器电路示意图，它的二次线圈是一次线圈的一部分，故其最大特点是一次、二次线圈间不仅有磁的耦合，还有电的联系。自耦变压器的工作原理和普通变压器相同。

实验室中常用的调压器就是一种可以改变二次线圈匝数的自耦变压器。自耦变压器二次绕组是一次绕组的一部分，具有省料、体积小、成本低的特点。另外调压时能在大范围均匀输出电压，使用方便。但由于一次侧、二次侧有电的联系，使用时不够安全。使用自耦调变压器时应该注意：① 一次侧、二次侧不能对调使用，否则可能会烧坏绕组，甚至造成电源短路；② 接通电源前，应先将滑动触头调到零位，接通电源后再慢慢转动手柄，将输出电压调至所需值。

2. 电压互感器

图7-21是电压互感器的原理接线图，电压互感器用来扩大测量交流电压的量程。电压互感器的一次绕组匝数很多，并联于待测电路两端；二次绕组匝数较少，与电压表及电度表、功率表、继电器的电压线圈并联，用于将被测电网或电气设备的高电压变换成低电压，然后用仪表测出二次绕组的低压。通常，二次绕组的额定电压值为100 V。使用电压互感器时，必须将其铁壳和二次绕组的一端接地，而且副边绕组不允许短路，否则，二次侧会有很大的电流，危及设备及人身安全。

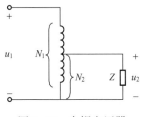

图7-20 自耦变压器

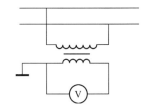

图7-21 电压互感器

3. 电流互感器

电流互感器用来扩大测量交流电流的量程，并使测量仪表与大电流电路隔开，以确保人身及设备安全的一种电器，它是利用变压器变电流的原理制成的。

图 7-22 是电流互感器的原理接线图，电流互感器一次线圈匝数很少（常为一匝或几匝），串联在被测线路上，二次线圈匝数较多，它与相串联的测量仪表（如电流表、功率表和电度表中的电流线圈、继电器的电流线圈）连成一个闭合线路。电流互感器可将大电流变为小电流。二次侧接上电流表，测出的电流值乘上变

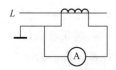

图 7-22　电流互感器

换系数即得被测的一次线圈大电流的值（通常其电流表表盘上刻度直接标出被测的电流值）。电流互感器二次线圈的额定电流一般都规定为 5 A。

电流互感器接于高压电路，为了保证安全，二次线圈的一端及互感器铁芯必须接地。由于电流互感器的负载阻抗（如被测量仪表的电流线圈）很小，故它相当于在短路状态下运行。正常运行时，二次电动势并不高。运行中二次侧一旦开路，会在二次线圈感应出很高的电动势，危及设备及人身安全。同时，铁损大大增加导致铁芯严重发热到不能容忍的程度。为此，电流互感器在运行时，二次线圈严禁开路，同时二次电路也不允许接熔丝。当必须从运行中的电流互感器上拆除电流表等仪器时，应首先将互感器二次线圈可靠地短接，然后才能拆除仪表连接线。

四、变压器的常见故障及检修方法

变压器运行情况和投入时间不同，故障产生的趋势不一样。由故障到损坏，通常有一个渐变的过程。只有充分了解变压器的实际运行情况，及时了解变压器故障隐患，并进行故障检修，才能保证变压器及相关设备和电路的正常运行。

（一）变压器的常见故障

1. 绕组故障

变压器绕组故障通常有匝间短路、绕组接地、相间短路、线段断裂及接头开焊等。在运行中一旦发生绝缘击穿，就会造成绕组的短路或接地故障。匝间短路时变压器过热油温增高，电源侧电流略有增大，各相直流电阻不平衡。

2. 铁芯故障

铁芯故障主要包括铁芯噪声过大、铁芯过热、铁芯局部短路和铁芯接地不良等。设计时铁芯磁通密度选用得过高、变压器过载或存在漏电故障等原因会引起铁芯的电磁噪声；铁芯没有压紧，在运行时硅钢片发生机械振动会带来接卸噪声。过载、硅钢片质量不佳、紧固螺栓偏斜、穿心螺杆绝缘破裂等易造成铁芯迭片局部短路，产生涡流过热，引起迭片间绝缘层损坏，使变压器空载损失增大，铁芯过热，绝缘油劣化。

3. 分接开关故障

分接开关故障主要有分接开关接触不良、触头烧损、触头之间短路或对地放电。主要原因可能是连接螺钉松动、带负荷调整装置不良和调整不当、分接头绝缘板绝缘不良、接头焊锡不满导致接触不良、制造工艺不好引起弹簧压力不足或分接开关接触面被油酸腐蚀。

（二）变压器故障的检修方法

1. 看

通过观察故障发生时的颜色、有无漏油、温度计指示的情况等，及时发现异常，由外到内认真检查变压器的每一处，一一排查确定故障所在位置。

2. 听

变压器正常运行时，由于交流电通过变压器绕组，在铁芯里产生周期性的交变磁通，引起电工钢片的磁致伸缩，铁芯的接缝与叠层之间的磁力作用及绕组的导线之间的电磁力作用引起振动，发出"嗡嗡"的均匀的响声。如果产生不均匀响声或其他响声，都属不正常现象。不同的声响预示着不同的故障现象。

3. 测

依据看和听对变压器事故的判断，只能作为现场的初步判断，因为变压器的内部故障不只是单一方面的直观反映，它涉及诸多因素，有时甚至出现假象，因此必须进行测量并做综合分析，才能准确可靠地找出故障原因及判明事故性质，提出较完备合理的处理办法。如测量绝缘电阻，这是判断绕组绝缘状况的比较简单而有效的方法。测直流电阻，当变压器在遭受短路冲击后，往往可能造成绕组扭曲变形，而累积效应会使变形进一步发展；另外由于绕组绝缘损坏，会造成匝间短路甚至是相间短路。这些故障必然导致绕组上相应部分的分布参数发生变化。测量时，应分别测量变压器高、低压绕组的直流电阻。

（三）变压器的使用维护

为保证变压器安全运行和可靠供电，使变压器发生异常时能及时发现、及时处理，将故障排除在萌芽状态，使用时必须对运行中的变压器进行定期检查，严格监察其运行状况，并做好运行记录。

1. 运行标准

（1）允许温度。变压器中的绝缘材料，受温度影响而逐渐老化。温度越高，绝缘材料的绝缘性能越差，并加速老化以至失去绝缘层的保护作用，容易被高电压击穿造成故障。因此，变压器正常运行时，不准超过绝缘材料所允许的温度。

（2）负载运行。变压器负载运行时，因铜损和铁损而发热。负载越大，发热越多，温升也越大。变压器不应超过允许的温升。因此变压器运行时有许可的连续稳定运行的额定负载，即变压器的额定容量。

2. 变压器运行中的检查

（1）监视仪表的检查。变压器控制盘上的仪表，如电压表、电流表和功率表等指示着变压器的运行情况、电压质量等，必须经常监察并记录数据。

（2）现场检查。应定期进行变压器外部检查。检查内容有看油温是否正常、变压器有无异常响声、箱壳有无渗透漏油现象、外壳接地是否良好等。

（3）变压器油的检查。为确保变压器安全可靠运行，必须定期取油样实验，如果油老化变质，应及时更换。

（4）变压器运行故障的排除。在定期的检查过程中，如发现有异常情况，要及时排除故障，使变压器能安全正常运行。

五、小型变压器的检测

（一）小型变压器变压、变流和阻抗变换作用的测试

在熟悉变压器工作原理的基础上，连接好变压器变压、变流和阻抗变换作用的测试电路，设计好测试记录数据的表格，正确应用测试仪表，准确测量并记录好数据，通过对数据进行

分析、计算，总结规律或结论。

（二）变压器绕组的检测

（1）绕组的串联。现有 50 V·A 的电源变压器，有两个 6 V 的输出端子。要获得 12 V 的输出电压，需要将两个 6 V 的输出端串联成为 12 V 输出。为防止连接错误，首先得判断出两个线圈的同极性端子，然后再进行连接，正确连接后变压器运行，测串联后的输出电压。

（2）变压器高低压绕组直流电阻及高低压绕组对地、对铁芯的绝缘电阻的测试。首先通过万用表的欧姆挡的 $R\times10$（或 $R\times1$），测量变压器绕组阻值判断出高压绕组和低压绕组；再选择合适相应等级的兆欧表对变压器进行绝缘检查，分别测量高低压绕组的对地绝缘电阻、高低压绕组对铁芯绝缘电阻及高低压绕组匝间绝缘电阻。

（三）检测时应注意的问题

（1）测量时，要正确选择万用表、电压表、电流表的量程；

（2）确认接线正确后，方可通电，否则会烧坏变压器；

（3）兆欧表测量具有大电容设备的绝缘电阻时，读数后不能立即断开，以避免烧坏；

（4）兆欧表测量完后，应对设备充分放电，否则容易引起触电事故；

（5）严禁在雷电时或附近有高压导体的设备上测量绝缘电阻，只有在设备不带电又不可能受其他电源感应而带电的情况下才可进行测量；

（6）兆欧表未停止转动之前，切勿用手去触及设备的测量部分或兆欧表接线柱。

 **任务实施**

一、任务分析

该任务要求完成两方面内容。

（1）小型变压器变压、变流和阻抗变换作用的测试。给定如下设备和器材：电工实验实训台 1 套、小型变压器（220 V/55 V）1 台、交流电流表 1 块、交流电压表 1 块、灯泡（36 V/25 W）3 只、交流调压器（0～250 V）1 台及其他所需的设备和器材。完成变压器变电压、变电流、变阻抗电路的连接及测量。

（2）变压器绕组的检测。给定如下设备和器材：电工实验实训台 1 套、小型变压器（220 V/36 V）1 台、交流电流表 1 块、交流电压表 1 块、兆欧表 1 块及其他所需的设备和器材。完成变压器外观检查、绕组的极性的判断及正确连接，完成变压器同名端的测定。

在任务实施之前，应做好以下准备工作：

① 各班分组以团队形式合作实施任务，每组确定组长人选，并由组长对团队成员进行分工；

② 细化任务实施步骤，明晰任务具体要求，列出实施任务用到的器材、工具、辅助设备等；

③ 编制任务实施方案，包括电路及连接方式选择、仪器仪表的选择使用、测试步骤、数据的记录与分析处理；

④ 分析讨论任务实施过程中的注意事项；

⑤ 将以上分析内容填入表 7-1 中。

表 7-1 变压器的认识与测试任务实施方案表

任务编号	任务名称	小组编号	组长	组员及分工
器材、工具及 辅助设备				
任务实施方案	小型变压器变换作用电路 的连接与测试方案	变电压时		
		变电流时		
		变阻抗时		
	变压器绕组的检测	变压器外观检查		
		变压器绕组极性的判断及正确 连接		
		同名端的测定		
		检测变压器绝缘电阻		
		直流电阻的检测		
		变压器通电检查		
注意事项				

二、完成任务

（1）测试子任务对应测试电路的选择、识读及连接。按图 7-23 ～图 7-25 连接好测试电路。

（2）测试数据记录、数据分析及规律总结，将结果填入表 7-2 ～表 7-5 中。

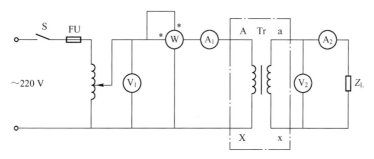

图 7-23 变压器变压、变流和阻抗变换测试电路

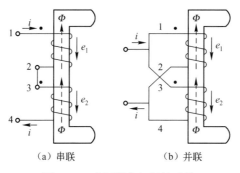

（a）串联　　　　　（b）并联

图 7-24 变压器绕组极性连接

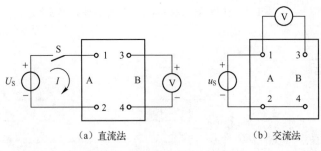

（a）直流法　　　　　　（b）交流法

图 7-25　变压器绕同极性端测试

表 7-2　变压器电压、电流和阻抗变换作用

灯泡数	一次侧			二次侧		
	电压 U_1/V	电流 I_1/A	阻抗 $|Z'_L|$/Ω	电压 U_2/V	电流 I_2/A	阻抗 $|Z_L|$/Ω
1						
2						
3						

表 7-3　同极性端直流测定法记录表

测试项目	电压表偏转情况	同极性端
S 闭合		

表 7-4　同极性端交流测定法记录表

U_{13}	U_{12}	U_{34}	同极性端

表 7-5　小型变压器检测的有关数据记录

铭牌内容	型号：　　　额定电压：　　　额定电流： 容量：　　　二次电压：　　　变压比：					
检查内容	绝缘电阻/MΩ					
	一次侧、二次侧间	绕组与铁芯间	绕组匝间	一次绕组	二次绕组	一次侧、二次侧间
	空载			额定负载		
	二次电压	一次电流	一次电压	一次电压	二次电流	二次电压

（3）填写表 7-6，完成考核评价。

考核评价

　　根据任务完成情况进行考核评价，主要包括教师评价、小组评价、自我评价三部分，形

成任务完成情况评价考核环节。评价考核表如表 7-6 所示。

表 7-6　考核评价表

任务编号及名称					
班级		小组编号		姓名	
小组成员	组长	组员	组员	组员	组员
自我评价	评价项目	标准分	评价分	主要问题	
自我评价	任务要求 认知程度	10			
自我评价	相关知识 掌握程度	15			
自我评价	专业知识 应用程度	15			
自我评价	信息收集 处理能力	10			
自我评价	动手操作 能力	20			
自我评价	数据分析 处理能力	10			
自我评价	团队合作 能力	10			
自我评价	沟通表达 能力	10			
自我评价	合计评分				
小组评价	专业展示 能力	20			
小组评价	团队合作 能力	20			
小组评价	沟通表达 能力	20			
小组评价	创新能力	20			
小组评价	应急情况 处理能力	20			
小组评价	合计评分				
教师评价					
总评分					
备注	总评分=教师评价（50%）+小组评价（30%）+自我评价（20%）				

 知识拓展

磁 性 材 料

磁性材料、导电材料、绝缘材料是常用的三大电工材料。它们在电气、电子工程中广泛使用。物质的磁性早在 3 000 年以前就被人们所认识和应用，例如，中国古代用天然磁铁作为指南针。现代磁性材料已经广泛应用在我们的生活之中，如将永磁材料用作电动机、应用于变压器中的铁芯材料、作为存储器使用的磁光盘、计算机用磁记录软盘等。可以说，磁性材料与信息化、自动化、机电一体化、国防、国民经济等紧密相关。而通常认为，磁性材料是指过渡元素铁、钴、镍及其合金等能够直接或间接产生磁性的物质。常用的磁性材料按磁化后去磁的难易可分为软磁性材料和硬磁性材料。磁化后容易去掉磁性的物质叫作软磁性材料，不容易去掉磁性的物质叫作硬磁性材料。

1. 软磁性材料

软磁性材料在工业中的应用始于 19 世纪末。随着电力工业及电信技术的兴起，开始使用低碳钢制造电动机和变压器，在电话线路中的电感线圈的磁心中使用了细小的铁粉、氧化铁、细铁丝等。到 20 世纪初，研制出了硅钢片代替低碳钢，提高了变压器的效率，降低了损耗。直至现在硅钢片在电力工业用软磁材料中仍居首位。无线电技术的兴起，促进了高导磁材料的发展，出现了坡莫合金及坡莫合金磁粉心等。雷达、电视广播、集成电路的发明等，对软磁材料的要求也更高，生产出了软磁合金薄带及软磁铁氧体材料。20 世纪 70 年代，随着电信、自动控制、计算机等行业的发展，人们又研制出了磁头用软磁合金，除了传统的晶态软磁合金外，又兴起了另一类材料——非晶态软磁合金。

1）硅钢片

硅钢片是一种合金，在纯铁中加入少量的硅（一般在 4.5% 以下）形成的铁硅系合金称为硅钢。它是电力、电子工业的主要磁性材料，使用量占所有磁性材料的 90% 以上，通常加工成 0.05 ～ 1.0 mm 厚的片状，表面涂绝缘漆或坡莫合金，以减小涡流损耗。按制造工艺的不同，分为冷轧和热轧两种，常用做电动机、变压器、互感器、继电器的铁芯。

2）导磁合金

（1）铁镍合金，又称坡莫合金，镍含量在 30% ～ 90%，是应用非常广泛的软磁合金。它是在铁中加入一定量的镍经真空冶炼而成，其磁导率很高。一般要求在磁化电流很小的条件下得到较高磁密时，采用坡莫合金做铁芯。铁镍合金常用于小型元件如高准确度的仪表、小功率变压器、脉冲变压器、高频变压器、磁放大器等的铁芯。

（2）铁铝合金，它是在铁中加入一定量的铝制成的，铝含量一般为 6% ～ 16%，多用于做脉冲变压器、互感器、继电器、磁放大器、电磁阀、磁头、分频器的磁心。

3）铁氧体材料

铁氧体由陶瓷工艺制作而成，硬而脆，不易加工，是以 Fe_2O_3 为主要成分的软磁性材料。其电阻率高，在高频电路中损耗小，使用于 100 ～ 500 kHz 的高频场中导磁，广泛应用于通信设备和自动控制设备中，如磁性天线、中高频变压器、高频扼流圈、磁场屏蔽、磁敏元件（如磁热材料做开关）等。

4）电工用纯铁

电工用纯铁一般含碳量较低，在0.04%以下。其特点是饱和磁感应强度高，冷加工性好，但电阻率高。常用于直流电动机磁极和直流电磁铁等直流磁场。

不同的设备对磁性材料的要求不同。如电力变压器，主要考虑减小损耗，宜用低铁损和高磁感应强度的冷轧单取向的硅钢片。对小型电动机，其铁芯体积较小，铁损比铜损要小，所以铁损可放宽而选择磁感应强度高的硅钢片，这样可使铜损降低，电动机的总损耗得到补偿；对于大型电动机则相反，其铁芯体积大，铁损在总损耗中所占比例较高，因此对铁损要求更严格。

在弱磁场中使用的软磁性材料，常选用铁镍合金、铁铝合金及冷轧单取向硅钢薄带。这些材料的磁导率和磁感应强度都高，矫顽力小，能满足弱信号的使用要求，因而在磁放大器、电表测量机构铁芯、磁屏蔽等元件中常使用。高频条件下使用的软磁性材料，一般选用铁氧体软磁性材料。

2. 硬磁性材料

硬磁性材料又称永磁材料，它经外磁场磁化以后，在外磁场撤去后，仍能保持较强磁性。具有较高的剩余磁感应强度和较强的矫顽力。按其制造工艺及应用特点可分为铸造合金类、铁氧体类、金属间化合物类永磁材料。

硬磁性材料用得较多的是铝镍钴合金，广泛应用于磁电系仪表、永磁电动机、扬声器、传声器、电能表、流量表、传感器等内部做导磁材料。

小　结

（1）磁路是磁通集中通过的路径，由于铁磁性物质具有高导磁性，因而很多电气设备均用铁磁材料构成磁路。

（2）磁路的欧姆定律是分析磁路的基础，由于磁性物质的磁阻不是常数，故它常用于定性分析。

$$\Phi = \frac{F}{R_m} = \frac{IN}{\dfrac{l}{\mu_r S}}$$

（3）交流铁芯线圈的主磁通只与交流电源电压、交流电源频率及线圈匝数有关。对于一定的铁芯绕组，只要绕组所接交流电源的U、f不变，主磁通大小就基本不变。

（4）互感现象是当一个线圈由于自身电流交变而引起磁通变化时，不仅在本线圈产生感应电动势，还会在与它交链的其他线圈中产生感应电动势（或电压）的现象，产生的感应电压叫作互感电压。

（5）两互感线圈之间电磁感应现象的强弱程度不仅与它们的互感系数有关，还与它们各自的自感系数有关，并且取决于两线圈之间磁链耦合的松紧程度，表征两线圈之间磁链耦合的松紧程度用耦合系数k来表示。

$$k = \frac{M}{\sqrt{L_1 L_2}}$$

（6）互感线圈中，当两个电流分别从两个线圈的对应端子同时流入（或流出）时，若产生的磁通相互增强，则这两个对应端子称为这两互感线圈的同名端。

任务 ⑦ 变压器的认识与测试

（7）互感线圈连接。

串联：通向串联时等效电感为

$$L_{FW} = L_1 + L_2 + 2M$$

反向串联时等效电感为

$$L_R = L_1 + L_2 - 2M$$

并联：同侧并联时等效电感为

$$L = \frac{L_1 L_2 - M^2}{L_1 + L_2 - 2M}$$

异侧并联时等效电感为

$$L = \frac{L_1 L_2 - M^2}{L_1 + L_2 + 2M}$$

（8）理想变压器的三个理想条件：满足无损耗、全耦合、参数无穷大。它的初、次级电压电流关系是代数关系，因而它是不储能、不耗能的元件，是一种无记忆元件。

（9）变电压、变电流、变阻抗是理想变压器的三个重要特征。

（10）变压器铭牌是工作人员运行的依据，必须掌握铭牌上额定参数额定容量、额定电压、额定电流等的含义。

习　题　七

一、填空题

1. 交流铁芯线圈电路属于_____交流电路（填线性、非线性），交流铁芯线圈的主磁通与_____、_____、_____有关。

2. 只要一次、二次线圈匝数不同，变压器就具有_____、_____、和_____的功能。

3. 一台变压器，变比为 $k=2$，若一次线圈 $N_1 = 2\,000$ 匝，所加电压为 220 V，则二次线圈 $N_2 = $_____匝，变压器二次线圈端电压为_____。

4. 已知两线圈的自感为 $L_1 = 16$ mH，$L_2 = 4$ mH，若耦合系数 $k = 0.5$，则互感 $M = $_____。

5. 将 $R_L = 8\ \Omega$ 的扬声器接在输出变压器的二次绕组，已知 $N_1 = 300$ 匝，$N_2 = 100$ 匝，则负载阻值换算至原边为_____。

6. 变压器一次绕组电流的大小随着二次绕组所接负载的增多而变_____。

7. 变压器运行时，绕组中电流的热效应所引起的损耗称为_____损；交变磁场在铁芯中所引起的_____损耗和_____损耗合称为_____损。

8. 变压器空载时空载电流的_____分量很小，_____分量很大，因此空载的变压器，其功率因数_____。

9. 电压互感器在运行中，二次绕组不允许_____；而电流互感器在运行中，二次绕组不允许_____。

二、判断题

1. 确定互感电动势极性，一定要知道同名端。（　　　）

2. 变压器可以改变各种电源的电压。（　　　）

3. 铁磁性物质的磁导率不是固定的。（　　　）

4. 变压器一次绕组的输入功率是由二次绕组的输出功率决定的。（　　　）

5. 变压器高压端绕组匝数多，通过的电流大。（　　　）

6. 一台降压变压器只要将一次、二次绕组对调就可以作为升压变压器使用。（　　　）

三、选择题

1. 有互感 M 的两个线圈 L_1 及 L_2 顺向串联时，其等效电感为（　　　）。

　　A. L_1+L_2+2M　　　　　B. L_1+L_2-2M　　　　　C. L_1+L_2+M

2. 某变压器额定电压为 220 V/110 V，现有电源电压为 220 V，欲将其升高到 440 V，可采用下列（　　　）中的方法。

　　A. 将二次绕组接到电源上，由一次绕组输出

　　B. 将二次绕组匝数增加到 4 倍

　　C. 将一次绕组匝数减少为 1/4

3. 变压器若带感性负载，从轻载到满载，其输出电压将会（　　　）。

　　A. 升高　　　　　　　　B. 降低　　　　　　　　C. 不变

4. 变压器从空载到满载，铁芯中的工作主磁通将（　　　）。

　　A. 增大　　　　　　　　B. 减小　　　　　　　　C. 基本不变

5. 自耦变压器不能作为安全电源变压器的原因是（　　　）。

　　A. 公共部分电流太小

　　B. 一次侧、二次侧有电的联系

　　C. 一次侧、二次侧有磁的联系

6. 决定电流互感器原边电流大小的因素是（　　　）。

　　A. 二次电流　　　　　　B. 二次侧所接负载　　　C. 被测电路

7. 若电源电压高于额定电压，则变压器空载电流和铁耗比原来的数值将（　　　）。

　　A. 减少　　　　　　　　B. 增大　　　　　　　　C. 不变

8. 电源电压不变，当二次电流增大时，变压器铁芯中的工作主磁通 Φ 将（　　　）。

　　A. 减少　　　　　　　　B. 增大　　　　　　　　C. 基本不变

9. 下列说法中正确的是（　　　）。

　　A. 硅钢片具有高导磁率，可制造永久磁铁

　　B. 调压器（自耦变压器）既可调节交流电压，也可调节直流电压

　　C. 交流继电器铁芯上有短路铜环，是为了防震

四、问答题

1. 磁性材料的磁导率为什么不是常数？

2. 变压器的铁芯起什么作用？不用是否可以？

3. 互感线圈的同名端是如何规定的？"互感线圈的同名端只与两线圈的绕向及两线圈的相互位置有关，与线圈中电流的参考方向如何假设，以及电流的数值大小无关"这种观点正确吗？为什么？

4. 两线圈之间的互感值 M 较大，能不能说两线圈间的耦合系数 k 一定较大呢？为什么？

5. 将两个有互感的线圈串联或并联时，必须注意同名端，否则有烧毁的危险，说明其原因。

6. 如果变压器两绕组的极性端接错，结果如何？为什么？

7. 变压器由哪几部分组成？各部分的作用是什么？

8. 在变压器一次电压不变的情况下，下列哪种措施能增大变压器的输入功率？

（1）把一次线圈加粗；（2）增加一次线圈匝数；（3）增大铁芯截面；（4）减小二次负载阻抗。

9. 变压器空载运行时，一次加额定电压 220 V，测得一次线圈电阻为 10 Ω，一次电流等于 22 A 吗？为什么此时一次线圈电阻很小，而空载电流却不大？

10. 变压器运行中有哪些损耗？何种情况下，变压器的效率最高？

11. 电流互感器和电压互感器在结构和接法上有哪些区别？在使用时各要注意什么？

五、计算题

1. 把两个线圈串联起来接到 50 Hz、220 V 的正弦电源上，顺接时得电流 $I = 2.7$ A，吸收的功率为 218.7 W；反接时电流为 7 A。求互感 M。

2. 已知变压器一次匝数 $N_1 = 800$ 匝，二次匝数 $N_2 = 200$ 匝，一次电压 $U_1 = 220$ V，二次电流 $I_2 = 8$ A，负载为纯电阻。试求：变压器的二次电压 U_2、一次电流 I_1、输入功率 P_1 和输出功率 P_2（忽略变压器的漏磁和损耗）。

3. 有一信号源的电压为 1.5 V，内阻抗为 300 Ω，负载阻抗为 75 Ω。欲使负载获得最大功率，必须在信号源和负载之间接一阻抗匹配变压器。求此变压器的变比，并求出一次、二次的电流。

4. 一台额定容量为 $S_N = 10$ kV·A、电压比为 $U_{1N}/U_{2N} = 3\,300$ V/220 V 的单相照明变压器，现要在二次侧接 60 W、220 V 的白炽灯，如要求变压器在额定状态下运行，可接多少盏灯？一次、二次额定电流是多少？

5. 阻抗为 8 Ω 的扬声器，通过一台变压器，接到信号源电路上，使阻抗完全匹配，设变压器一次线圈匝数 $N_1 = 500$ 匝，二次线圈匝数 $N_2 = 100$ 匝，求变压器一次侧输入阻抗。

6. 已知某单相变压器的一次绕组电压为 3 000 V，二次绕组电压为 220 V，负载是一台 220 V、25 kW 的电炉，试求一次绕组、二次绕组的电流各为多少。

任务 8
→ 三相异步电动机的认识

电动机是利用电磁感应原理将电能转化成机械能，输出机械转矩的电气设备。其主要作用是将电源输送的电能转换成机械能。

电动机分为直流电动机和交流电动机两种，交流电动机又可分为同步电动机和异步电动机。其中三相异步电动机具有结构简单、成本低廉、运行可靠、维护简便等优点，因此现代各种生产机械都广泛应用它来驱动。

通过本任务的学习，激发学生了解三相异步电动机结构的兴趣，引导学生正确对电动机进行拆装，正确识读电动机铭牌相关技术参数，并将电动机接上电源进行试运行观察，体会电动机正常运转后的成就感，为后续任务中学习三相异步电动机简单控制电路打下基础。

学习目标

（1）掌握三相异步电动机的基本结构；

（2）理解三相异步电动机的工作原理；

（3）掌握三相异步电动机的检查、使用和维护方法；

（4）能对三相异步电动机进行拆装；

（5）能识读三相异步电动机的铭牌；

（6）能根据电动机铭牌标识，对电动机进行正确的星形或三角形连接；

（7）三相异步电动机接上电源，观察电动机的运行状态；

（8）培养学生阅读科技文献资料的能力和团队协作精神。

任务描述

三相异步电动机是生产、生活中应用最广泛的电动机，掌握三相异步电动机的基本结构，识读电动机铭牌，将电源和电动机正确连接并进行试运行，是使用和维护电动机的基本要求。

以"三相异步电动机的认识"为学习任务，将三相异步电动机的结构、工作原理和铭牌识别等知识点，与电动机拆装、电动机接线与试运行等技能相结合，根据提供的仪器、工具及设备等，完成以下任务：

（1）在教师指导下拆卸三相异步电动机，进一步认识电动机的组成部件，并装配还原；

（2）识读电动机铭牌，记录铭牌数据；

（3）根据电动机铭牌标识，对电动机进行正确的星形或三角形连接；

（4）接上电源后进行试运行，观察电动机的运行状态。

相关知识

一、三相异步电动机的结构

图 8-1 所示为三相异步电动机的结构与外形，它主要由定子和转子两个部分组成，另外还有端盖、轴承及风扇等部件。

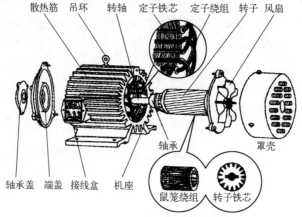

图 8-1　三相异步电动机的结构

（一）定子

定子是电动机中的固定部分，主要由机座和装在机座内的定子铁芯和定子绕组组成，其主要作用是产生旋转磁场，如图 8-2 所示。

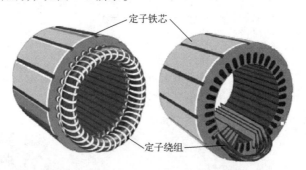

图 8-2　三相异步电动机定子结构示意图

1. 机座

机座是电动机的支架，一般由铸铁或铸钢制成。在机座的内圆中固定着铁芯。机座两端的端盖中嵌放着轴承，用以支撑转子转动，并用轴承盖加以保护。

2. 定子铁芯

定子铁芯是电动机磁路的一部分，用互相绝缘的 0.35～0.5 mm 厚的环形硅钢片叠压而成，铁芯内圆有均匀分布的槽，槽中嵌放着固定的定子绕组。铁芯片间的绝缘是为了减少涡流损失。

3. 定子绕组

定子绕组是电动机的电路部分。三相异步电动机有三个独立的绕组，每个绕组包含着若

干个线圈，每个线圈又有许多匝，均匀地嵌放在铁芯槽中。三相绕组的六个端头引出固定在机座的接线盒中，并按照接线盒中的标志接线，可采用星形或三角形接线。

（二）转子

转子是电动机中的旋转部分，主要由转子铁芯、转子绕组和转轴三部分组成。转子在电磁力作用下产生电磁转矩使转子转动。

1. 转子铁芯

转子铁芯和定子铁芯一样，是用互相绝缘的 $0.35 \sim 0.5\,\mathrm{mm}$ 厚的硅钢片叠压而成，铁芯外圆冲有嵌放转子绕组的槽，它是形成转子磁场的组成部分。

2. 转子绕组

三相异步电动机的转子分为两种：笼形和绕线形。

笼形转子绕组是将铸铝的笼条嵌放在转子铁芯槽内，伸出铁芯的端头用端环焊接成短路环，如图 8-3 所示。因形似鼠笼，故称为鼠笼形异步电动机。

绕线形转子绕组结构与定子绕组相似，三相线圈对称地嵌放在转子铁芯槽内，一般接成星形，末端接在一起，首端分别引至轴上的三个铜制的集电环上，集电环彼此对轴绝缘，通过固定在端盖上的三个电刷引出。

3. 转轴

转轴一般由中碳钢锻造而成，转子铁芯被套在转轴上，两端用轴承支撑。它支撑着转子使转子在定子内腔均匀旋转，并传递电动机所输出的力矩。

转子铁芯　　　笼形转子绕组　　　铸铝笼形转子

图 8-3　笼形转子

二、三相异步电动机的工作原理

如图 8-4 所示，用一个简单的实验观察三相异步电动机的工作原理：用手摇动手柄使磁极转动，转子跟着旋转。摇得快，转子转得快；摇得慢，转子转得慢。反摇时，转子马上反转。从这一演示得出两点启示：①有一个旋转的磁场；②转子跟着磁场转动。异步电动机转子转动的原理是与上述实验相似的。那么，在三相异步电动机中，磁场从何而来，又怎么旋转呢？下面就来讨论这些问题。

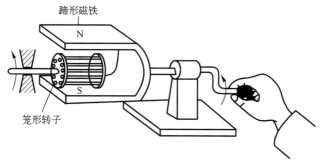

图 8-4　异步电动机转动演示实验

（一）定子产生旋转磁场

1. 旋转磁场的产生

三相异步电动机的定子绕组嵌放在定子铁芯槽内，按一定规律连接成三相对称结构。三相绕组在空间互成 120°，它可以连接成星形，也可以连接成三角形。假设将三相绕组连接成星形，接在三相电源上，绕组中便通入三相对称电流，即

$$i_A = I_m \sin\omega t$$
$$i_B = I_m \sin(\omega t - 120°)$$
$$i_C = I_m \sin(\omega t + 120°)$$

电流的参考方向和随时间变化的波形图如图 8-5 所示。

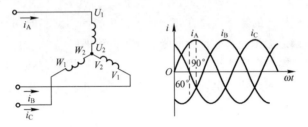

图 8-5 定子绕组中的三相对称电流

当把按照一定周期改变大小和方向的三相对称交流电通入定子时，则在定子内腔产生了合成磁场。而合成磁场是随着三相电流的变化在空间形成的一个不断旋转着的磁场。这个旋转磁场同磁极在空间旋转所产生的作用是一样的。旋转磁场的产生过程如图 8-6 所示。

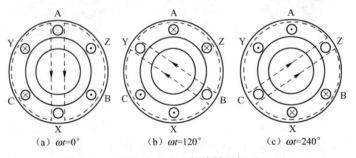

(a) $\omega t = 0°$　　　　　(b) $\omega t = 120°$　　　　　(c) $\omega t = 240°$

图 8-6 三相交流电产生的旋转磁场（$p=1$）

2. 旋转磁场的方向

旋转磁场的方向是由三相绕组中电流相序决定的，若想改变旋转磁场的方向，只要改变通入定子绕组的电流相序，即将三根电源线中的任意两根对调即可。定子产生的旋转磁场方向改变了，转子的旋转方向也跟着改变，电动机实现反转。

3. 旋转磁场的极数（磁极对数 p）

三相异步电动机的极数就是旋转磁场的极数。旋转磁场的极数和三相绕组的安排有关。

当每相绕组只有一个线圈，绕组的始端之间相差 120° 空间角时，产生的旋转磁场具有一对极，即 $p=1$；当每相绕组为两个线圈串联，绕组的始端之间相差 60° 空间角时，产生的旋转磁场具有两对极，即 $p=2$；同理，如果要产生三对极，即 $p=3$ 的旋转磁场，则每相绕组必须有均匀安排在空间的串联的三个线圈，绕组的始端之间相差 40° 空间角。

磁极对数 p 与绕组的始端之间的空间角 θ 的关系为

$$\theta = \frac{120°}{p}$$

4. 旋转磁场的转速

三相异步电动机的转速与旋转磁场的转速有关，而旋转磁场的转速决定于旋转磁场的极数。当 $p=1$ 时，三相定子电流变化一个周期，所产生的合成旋转磁场在空间也旋转一周。当电源频率为 f_1 时，对应的旋转磁场转速 $n_0 = 60f_1$（r/min）。当电动机的旋转磁场具有 p 对磁极时，电流变化 1 周，旋转磁场则转 $1/p$ 周，合成旋转磁场的转速为

$$n_0 = \frac{60f_1}{p}$$

式中：n_0——旋转磁场的转速，也称同步转速，单位为 r/min；

f_1——定子电流频率，单位 Hz；

p——旋转磁场的磁极对数。

在我国，工频 $f_1 = 50\ \text{Hz}$，因此对应于不同磁极对数 p 的旋转磁场转速如表 8-1 所示。

表 8-1　磁极对数与旋转磁场转速的关系

p	1	2	3	4	5	6
$n_0/(\text{r/min})$	3 000	1 500	1 000	750	600	500

（二）转子产生电磁转矩

1. 转子的旋转

定子中产生的旋转磁场可用旋转的 N、S 磁极表示。三相异步电动机工作原理如图 8-7 所示。假设旋转磁场以恒定同步转速 n_0 顺时针旋转并切割转子导体，根据电磁感应定律，转子导体中将有感应电动势产生（方向可按右手定则确定），闭合的转子绕组总会有电流流过。旋转磁场与转子感应电流互相作用产生电磁力 F（方向可用左手定则判断），形成电磁转矩，转子在转矩的作用下开始转动。

由图 8-7 可见，电磁转矩与旋转磁场的转向是一致的，故转子旋转的方向与旋转磁场的方向相同。但电动机转子的转速 n 必须低于旋转磁场转速 n_0。如果转子转速达到 n_0，转子与旋转磁场之间就没有相对运动，也不会产生感应电动势、感应电流和电磁转矩。所以 n 永远小于 n_0，这就是所谓的异步。又由于这类异步电动机转子中的电动势和电流是由电磁感应产生的，所以又可称为感应异步电动机。

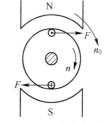

图 8-7　三相异步电动机的作用原理

2. 转差率

电动机转子的转速永远低于旋转磁场转速的这种现象叫转速差。转速差与旋转磁场转速的比值称为转差率。转差率 s：用来表示转子转速 n 与磁场转速 n_0 相差的程度的物理量，即

$$s = \frac{n_0 - n}{n_0} = \frac{\Delta n}{n_0}$$

转差率是异步电动机的一个重要的物理量。

当旋转磁场以同步转速 n_0 开始旋转时，转子则因机械惯性尚未转动，转子的瞬间转速 $n=0$，这时转差率 $s=1$。转子转动起来之后，$n>0$，n_0-n 差值减小，电动机的转差率 $s<1$。若

转轴上的阻转矩加大，则转子转速 n 降低，即异步程度加大，才能产生足够大的感应电动势和电流，产生足够大的电磁转矩，这时的转差率 s 增大。反之，s 减小。异步电动机运行时，转速与同步转速一般很接近，转差率很小。在额定工作状态下为 $0.015 \sim 0.06$。

可以得到电动机的转速常用公式，即

$$n = (1-s)n_0 = (1-s)\frac{60f_1}{p}$$

【例】 有一台三相异步电动机，其额定转速 $n = 975 \, \text{r/min}$，电源频率 $f = 50 \, \text{Hz}$，求电动机的极数和额定负载时的转差率 s。

解 由于电动机的额定转速接近而略小于同步转速，而同步转速对应于不同的极对数有一系列固定的数值。显然，与 $975 \, \text{r/min}$ 最相近的同步转速 $n_0 = 1\,000 \, \text{r/min}$，与此相应的磁极对数 $p = 3$。因此，额定负载时的转差率为

$$s = \frac{n_0 - n}{n_0} \times 100\% = \frac{1\,000 - 975}{1\,000} \times 100\% = 2.5\%$$

三、三相异步电动机的铭牌

铭牌是电动机的重要标记（图 8-8），它较详细地介绍了电动机的特性和一般技术要求，给使用、检查和修理提供了良好的条件。如果电动机没有铭牌或搞不清铭牌上的内容，那么不要轻易使用，以免发生事故。为了正确识别铭牌，现将铭牌上的技术数据说明如下：

（一）型号

如图 8-9 所示，Y112M-4 中 "Y" 表示 Y 系列笼形三相异步电动机（YR 表示绕线式异步电动机），"112" 表示电动机的中心高为 112 mm，"M" 表示中机座（L 表示长机座，S 表示短机座），"4" 表示 4 极电动机（2p=4），磁极对数为 2。

三相异步电动机			
型号：Y112M-4		编号	
4.0 kW		8.8 A	
380 V	1 440 r/min	LW	82 dB
接法 △	防护等级IP44	50 Hz	45 kg
标准编号	工作制SI	B级绝缘	2000年8月
中原电机厂			

图 8-8 三相异步电动机铭牌

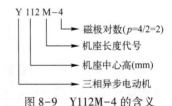

图 8-9 Y112M-4 的含义

有些电动机型号在机座代号后面还有一位数字，代表铁芯号，如 Y132S2-2 型号中 S 后面的 "2" 表示 2 号铁芯长（1 为 1 号铁芯长）。

（二）额定值

1. 额定功率

电动机在额定状态下运行时，其轴上所能输出的机械功率称为额定功率。

2. 额定速度

在额定状态下运行时的转速称为额定转速。

3. 额定电压

额定电压是电动机在额定运行状态下，电动机定子绕组上应加的线电压值。Y 系列电动机的额定电压都是 380 V。

4. 额定电流

电动机加以额定电压，在其轴上输出额定功率时，定子从电源取用的线电流值称为额定电流。

5. 额定频率

电动机在额定运行状态下，定子绕组所接电源的频率，叫作额定频率。我国规定的额定频率为 50 Hz。

（三）其他

1. 接法

表示电动机在额定电压下定子绕组的连接方式。

2. 防护等级

指防止人体接触电机转动部分、电机内带电体和防止固体异物进入电机内的防护等级。

防护标志 IP44 含义：

IP——特征字母，为"国际防护"的缩写；

44——4 级防固体（防止大于 1 mm 固体进入电机）；4 级防水（任何方向溅水应无影响）。

3. LW 值

LW 值指电动机的总噪声等级。LW 值越小表示电动机运行的噪声越低。噪声单位为 dB。

4. 工作制

工作制指电动机的运行方式。一般分为"连续"（代号为 S1）、"短时"（代号为 S2）、"断续"（代号为 S3）。

5. 绝缘等级

电动机的绝缘等级是指其所用绝缘材料的耐热等级，分 A、E、B、F、H 级。

6. 重量

指电动机整个机身的总重量。

四、定子绕组的连接方式

定子三相绕组的六个出线端都引至接线盒上，首端分别标为 U_1、V_1、W_1，末端分别标为 U_2、V_2、W_2。这六个出线端在接线盒里的排列如图 8-10 所示。在实际生产应用中，可以根据铭牌上的指示连接成星形或三角形方式。

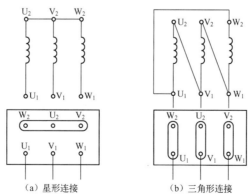

（a）星形连接　　　　（b）三角形连接

图 8-10　定子绕组的连接方法

一般 4 kW 以下电动机用星形连接，4 kW 及以上电动机用三角形连接。

当电压不变时，如将星形连接改为三角形连接，则线圈的电压为原线圈的 $\sqrt{3}$，这样电动机线圈的电流会因过大而发热，使电动机绕组烧坏。若把三角形连接改为星形连接，则电动机线圈的电压为原线圈的 $1/\sqrt{3}$，电动机的输出功率降为原来的 $1/3$，若电动机在额定负载下运行，则会烧坏绕组。所以电动机定子绕组连接方式不能接错，要与铭牌要求相符。

五、三相异步电动机的运行与维护

（一）起动前的检查

（1）电动机运行时电源电压、频率、连接方式与铭牌的要求是否相符。

（2）新电动机或长期不用的电动机使用前应该测量电动机的绝缘电阻。用 500 V 的兆欧表测量电动机的绝缘电阻，绕组对外壳绝缘电阻不应小于 0.5 MΩ。

（二）三相异步电动机运行时的监视

（1）电压监视。要经常观察运行中电动机电压是否正常，电动机电源电压过高、过低或严重不平衡，都应停机检查原因。三相电压必须保持平衡，相电压不平衡度不得超过电动机额定电压的 5%。

（2）电流监视。用钳形电流表测量电动机的电流，三相电流应保持平衡。如果三相严重不平衡或超过电动机额定电流，应立即停机检查。

（3）温度监视。用手背触及电动机外壳。看电动机是否过热烫手，如果发现过热，可滴几滴水到电动机外壳上，若水急剧汽化，则电动机温度过高，应立即停机检查。

（4）机组转动监视。传动连接处连接良好，传动带松紧合适，机组转动灵活无卡位、窜动的现象。

（5）响声、气味监视。电动机运行声音均匀，无刺耳的声响，没有刺鼻的焦味，否则停机检查。

（三）三相异步电动机的维护

三相异步电动机运行一段时间以后，应定期对电动机进行维护，以保证电动机安全、可靠运行。维护包括机械和电气两方面。主要包括：

（1）机座、端盖有无裂纹；转轴有无裂痕、变形，转动是否灵活；风扇、散热片是否完好，风道是否被堵塞。

（2）导线绝缘是否完好，连接是否良好，是否有松动和接触不良的现象。

（3）电动机绝缘电阻是否在规定范围，绕组是否短路、断路或者接地现象。

 任务实施

一、任务分析

本任务要求在教师指导下拆卸三相异步电动机，进一步认识电动机组成部件，并装配还原；读电动机铭牌，记录铭牌数据，根据电动机铭牌标识，对电动机进行正确的星形或三角形连接；接上电源后进行试运行观察电动机的运行状态；设计合适的表格记录铭牌数据和试运行检查表。

在任务实施之前，应做好以下准备工作：

（1）以团队形式合作实施任务，每队确定组长人选，并由组长对团队成员进行分工；

（2）明晰任务要求，列出实施任务用到的器材、工具、辅助设备等；

（3）编制任务实施方案，包括电动机拆装方案，电动机试运行方案等；

（4）分析讨论任务实施过程中的注意事项；

（5）将以上分析内容填入表 8-2 中。

表 8-2　任务实施方案表

任务编号	任务名称	小组编号	组长	组员及分工
器材、工具及辅助设备				
任务实施方案	电动机拆卸和装配方案			
	电动机铭牌识别方案			
	电动机接线方案			
	电动机试运行方案			
注意事项				

二、完成任务

（1）根据制定的电动机拆卸与装配方案，列出电动机拆卸和装配步骤，使用工具和注意事项，填入表 8-3 中。

表 8-3　电动机拆卸和装配步骤表

序号	步骤操作要点	使用工具	注意事项
1			
2			
3			
4			
5			
6			
…			

（2）在拆装电动机的基础上，进一步认识电动机各组成部件，并画出所拆装电动机的组成结构图。

（3）识读电动机铭牌，填写表8-4（也可自行设计表格形式）。

表8-4 电动机技术参数表

序号	参 数	类型或数值
1		
2		
3		
4		
5		
……		

（4）填写或设计电动机试运行检查表（表8-5），并在后面的试运行中使用。

表8-5 电动机试运行检查表

电动机型号：		试运行负责人：	时间：
	检查事项	是否正常（√或×）	备注说明
运行前检查	1.		
	2.		
	…		
运行时监控	1.		
	2.		
	…		

（5）电动机按铭牌所示连接方式接上电源并接好地线后，即可通电试运行。一般先合闸2～3次，每次2～3 s，看电动机能否起动，有无异常。如果正常，然后空载运行30 min。运行中观察若无异常，则试运行成功。在试运行中按照试运行检查表的各项内容进行检查和监控。

（6）填写表8-6，完成评价考核。

 考核评价

根据任务完成情况及评价项目，学生进行自评。同时组长负责组织成员讨论，给小组每位成员进行评价。结合教师评价、小组评价及自我评价，完成考核评价环节。考核评价表如表8-6所示。

表 8-6　考核评价表

任务编号及名称						
班级		小组编号			姓名	
小组成员	组长	组员	组员	组员		组员
自我评价	评价项目	标准分	评价分	主要问题		
	任务要求认知程度	10				
	相关知识掌握程度	15				
	专业知识应用程度	15				
	信息收集处理能力	10				
	动手操作能力	20				
	数据分析处理能力	10				
	团队合作能力	10				
	沟通表达能力	10				
	合计评分					
小组评价	专业展示能力	20				
	团队合作能力	20				
	沟通表达能力	20				
	创新能力	20				
	应急情况处理能力	20				
	合计评分					
教师评价						
总评分						
备注	总评分=教师评价（50%）+小组评价（30%）+自我评价（20%）					

任务 8

三相异步电动机的认识

知识拓展

常见电动机类型

1. 电动机分类

电动机的种类很多，但从电源的性质可分为直流电动机和交流电动机两大类。其详细分类可参见图 8-11。

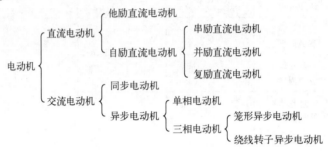

图 8-11　电动机的分类

2. 单相异步电动机简介

单相异步电动机是指用单相交流电源供电的异步电动机。单相异步电动机具有结构简单、成本低廉、噪声小、使用方便、运行可靠等优点，因此广泛用于工业、农业、医疗和家用电器等方面，最常见于电风扇、洗衣机、电冰箱、空调等家用电器中。

三相异步电动机在接通三相交流电后，电动机定子绕组通过交变电流后产生旋转磁场并感应转子，从而使转子产生电动势，并相互作用而形成转矩，使转子转动。但单相交流感应电动机只能产生极性和强度交替变化的磁场，不能产生旋转磁场，因此单相交流电动机利用电感线圈和电容器的移相原理，在单相电源作用下产生两相旋转磁场，转子才能转动。所以，常见单相交流电动机有分相起动式、罩极式、电容起动式等种类。

1）分相起动式电动机

分相起动式电动机广泛应用于电冰箱、洗衣机、空调等家用电器中。其结构如图 8-12 所示。该电动机有主、副两个定子绕组。两个绕组相差一个很大的相位角，使副绕组中的电流和磁通达到最大值的时间比主绕组早一些，因而能产生一个环绕定子旋转的磁场。旋转磁场作用在转子上便产生起动转矩。当电动机起动，转速上升至额定转速的 70% 时，离心开关脱开副绕组即断电，电动机即可正常运转。

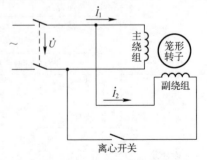

图 8-12　分相起动式电动机

2）罩极式电动机

罩极式单相交流电动机，它的结构简单，其电气性能略差于其他单相电动机，但由于制作成本低、运行噪声较小，对电气设备干扰小，所以被广泛应用在电风扇、电吹风机、吸尘器等小型家用电器中。罩极式电动机只有主绕组，没有副绕组。如图 8-13 所示，它在电动机定子的两极处各设有一副短路环，也称为电极罩极圈。当电动机通电后，主磁极部分的磁场产生的脉动磁场感

应短路而产生二次电流，从而使磁极上被罩部分的磁场比未罩住部分的磁场滞后些，因而磁极构成旋转磁场，电动机转子便旋转起动工作。

3）电容起动式电动机

这种电动机结构简单，起动快速，转速稳定，被广泛应用在电风扇、排风扇、抽油烟机等家用电器中。其结构如图8-14所示，电容分相式电动机在定子绕组上设有主绕组和副绕组，并在起动绕组中串联大容量起动电容器，使通电后主、副绕组的电相角成90°，从而能产生较大的起动转矩，使转子起动运转。

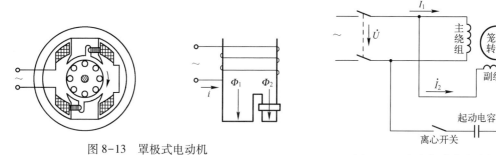

图8-13 罩极式电动机

图8-14 电容起动式电动机

小　结

（1）三相异步电动机又称感应式电动机，其结构分别由定子、转子两大部分构成，定、转子铁芯与气隙形成电动机的磁路，定、转子的线圈分别组成定、转子的电路。转子结构上分为笼形和绕线式两大类型。

（2）在三相异步电动机的对称三相绕组中通入对称三相交流电时，产生旋转磁场。旋转磁场的转速 n_0 决定于电源的频率 f_1 和磁极对数 p，即 $n_0 = \dfrac{60f_1}{p}$（单位：r/min），n_0 又称为同步转速。磁场的旋转方向由电源的相序决定。任意调换两相电源可改变磁场的旋转方向。

（3）异步电动机的工作原理是：定子绕组中通入的三相对称电流产生的旋转磁场切割转子绕组，依电磁感应定律，产生感应电动势和感应电流，感应电流与磁场相互作用而产生电磁转矩，驱动转子随磁场旋转方向转动。转子转速 n 小于同步转速 n_0，用转差率 s 表示，电动机在额定工作时，转差率 s 很小，即转子转速（电动机额定转速）n 接近于同步转速 n_0。

（4）定子绕组的连接方法有星形和三角形两种，一般4 kW以下电动机用星形接法，4 kW及以上电动机用三角形接法。

（5）电动机正常工作需要定期维护保养。

习　题　八

一、填空题

1. 电动机是将_____能转换为_____能的设备。

2. 三相异步电动机主要由_____和_____两部分组成。

3. 三相异步电动机的定子主要由_____、_____和_____组成。

4. 三相异步电动机的转子主要由_____、_____和_____组成。

5. 三相异步电动机的转子有_____式和_____式两种形式。

6. 三相异步电动机的三相定子绕组通以_____，则会产生_____。

7. 三相异步电动机旋转磁场的转速称为_____转速，它与_____和_____有关。

8. 一台三相四极异步电动机，如果电源的频率 $f = 50\ \text{Hz}$，则定子旋转磁场每秒在空间转过_____转。

9. 在额定工作情况下的三相异步电动机，已知其转速为 960 r/min，电动机的同步转速为_____，磁极对数为_____对，转差率为_____。

10. 电动机铭牌上所标额定电压是指电动机绕组的_____。

11. 某三相异步电动机额定电压为 380 V/220 V，当电源电压为 220 V 时，定子绕组应接成_____接法；当电源电压为 380 V 时，定子绕组应接成_____接法。

二、选择题

1. 三相异步电动机形成旋转磁场的条件是（　　）。

    A. 在三相对称绕组中通以三相对称的正弦交流电流

    B. 在三相对称绕组中通以三个相等的电流

    C. 在三相绕组中通以任意的三相电流

2. 某三相异步电动机的额定转速为 735 r/min，相对应的转差率为（　　）。

    A. 0.02   B. 0.265   C. 0.51   D. 0.183

3. 工频条件下，三相异步电动机的额定转速为 1 420 r/min，则电动机的磁极对数为（　　）。

    A. 2   B. 1   C. 3   D. 4

4. 一台磁极对数为 3 的三相异步电动机，其转差率为 3%，则此时的转速为（　　）。

    A. 970   B. 1 455   C. 2 910

5. 低压电动机绕组相间及对地的绝缘电阻，用 500 V 绝缘电阻表摇测，应不低于（　　）。

    A. 0.5 MΩ   B. 0.38 MΩ   C. 1 MΩ   D. 10 MΩ

6. 三相异步电动机的额定功率是指（　　）。

    A. 输出的机械功率   B. 输入的有功功率

    C. 产生的电磁功率   D. 输入的视在功率

三、简答题

1. 如果错将三相异步电动机的定子绕组星形连接接成三角形连接，或者将三角形连接接成星形连接，会有什么样的后果？说明原因。

2. 磁极对数与电动机转速有什么关系？

3. 一台三相异步电动机的额定转速为 720 r/min，则电动机的同步转速是多少？有几对磁极？额定负载时的转差率 s 是多少？

4. 当三相异步电动机的绝缘电阻不符合规定时，应怎样处理？

任务 ⑨

→ 三相异步电动机简单控制电路实现

在生产实践中，各种生产机械由于工作性质和加工工艺不同，对电动机的控制要求也不同，需用不同的控制电器构成不同的控制电路来实现，有的比较简单，有的比较复杂。但任何复杂的控制电路也都是由基本的简单的控制电路构成的。其中电动机手动控制、单方向连续运转和正反转控制电路都是基本控制电路。

通过本任务的学习，使学生学会识别常见低压控制电器，引导学生正确识读简单控制电路图，能按照电路图正确安装三相异步电动机控制电路，并能排除简单故障。培养运用技术知识和工程应用方法，解决生产生活中相关实际问题的能力，强化安全生产、节能环保等职业意识。

学习目标

(1) 掌握常用低压控制电器的识别方法；

(2) 掌握简单控制电路的原理；

(3) 了解三相异步电动机的起动和调速知识；

(4) 掌握三相异步电动机简单控制电路的安装；

(5) 掌握简单控制电路常见故障的分析与检修。

任务描述

三相异步电动机的手动控制、单方向连续运转和正反转控制电路是电动机控制电路中最基本的电路。认识常见低压控制电器，读懂简单控制电路图，并实现这些简单控制电路是分析实现复杂控制电路的基础。

以"三相异步电动机简单控制电路实现"为学习任务，将低压控制电器的工作原理、手动控制、单方向连续运转和正反转控制电路原理分析等知识点，与低压控制电器识别与检测、控制电路图的识读、简单控制电路的安装与故障检测等技能相结合，根据提供的仪器、工具及设备等，完成以下任务：

(1) 认识常用低压控制电器；

(2) 读懂三相异步电动机手动控制、单方向连续运转和正反转控制电路图；

(3) 根据电气控制电路清理并检测所需元器件，将元器件型号、规格、质量状况记入元器件清单中；

(4) 根据提供的控制电路原理图，在事先准备的配电板上，按照控制电路布置元器件，画出元器件布置图和布线示意图，并连接好电路；

(5) 检查后通电试车。若有故障，请排除故障，并将故障元器件、故障点、故障现象填

写在故障记录表中，直到电路正常工作为止。

 相关知识

一、常用低压控制电器认识

在电路中起通断、保护、控制或调节作用的用电器件，称为控制电器，简称电器。低压电器是指其工作电压为交流 1 200 V、直流 1 500 V 以下的电器。对电动机的控制主要是通过控制电器实现的。在此介绍几种常用低压电器。

（一）刀开关

刀开关按极数划分有单极、双极和三极，其结构由手柄、动触点、静触点和底座等组成。刀开关的结构示意图和图形、文字符号如图 9-1 所示。

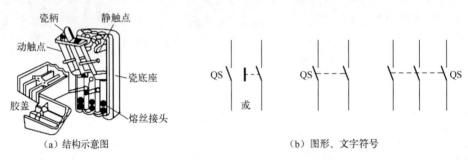

（a）结构示意图　　　　　　　　　（b）图形、文字符号

图 9-1　刀开关

刀开关一般与熔断器串联使用，以便在短路或过负荷时熔断器熔断而自动切断电路。应根据工作电流和电压来选择刀开关。刀开关的额定电流应大于其所控制的最大负荷电流。当用于直接控制 3 kW 及以下的三相异步电动机时，刀开关的额定电流必须大于电动机额定电流的 3～5 倍。

注意：刀开关在安装时，手柄要向上，不得倒装或平装。只有正确安装，作用在电弧上的电动力和热空气的上升方向一致，才能促使电弧迅速拉长而熄灭；反之，两者方向相反电弧就不易熄灭，严重时会使触点及刀片烧伤，甚至造成极间短路。此外，如果倒装，手柄可能因自动下落而误操作合闸，将可能产生人身和设备安全事故。接线时，还应将电源线接在上端，负载线接在下端。

（二）按钮

按钮（SB）是一种常用的控制电器，常用来接通或断开小电流的控制电路，从而达到控制电动机或其他电气设备运行目的的一种开关。按钮的用途很广，如电动机的启动与停止、正转与反转等；塔式吊车的启动停止、升降、前后、左右、快速慢速运行等，都需要控制按钮。

按钮的结构及外形如图 9-2 所示。在按钮未被按下前，常开触点是断开的，常闭触点是闭合的；按下按钮后，常开触点被连通，常闭触点被断开。松开按钮，在复位弹簧作用下，触点复位还原。

按钮的图形、文字符号如图 9-3 所示。

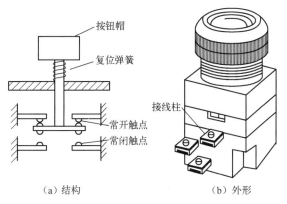

（a）结构　　　　　　　　（b）外形

图 9-2　按钮的结构及外形

（a）启动按钮(常闭按钮)　（b）停止按钮(常开按钮)　（c）复合按钮

图 9-3　按钮的图形、文字符号

（三）熔断器

熔断器（FU）是最简单有效的短路保护电器，当电路发生短路故障时能自动、迅速地切断电源。

熔断器的种类很多，常用的有瓷插式、螺旋式等，其结构和图形、文字符号如图 9-4 所示。熔断器的核心部分是熔体，一般是由电阻率高、熔点较低的合金制成。在正常情况下，熔体相当于一段导体，当电路发生短路故障时，熔体迅速熔断，断开电路起到保护电路和电气设备的作用。

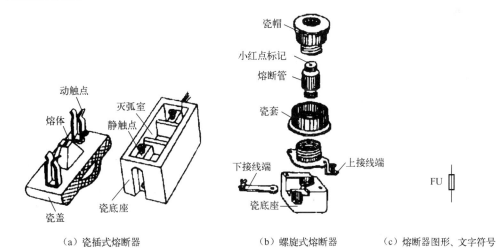

（a）瓷插式熔断器　　　　（b）螺旋式熔断器　　　（c）熔断器图形、文字符号

图 9-4　熔断器

选择熔断器时，其额定电压应大于或等于电路的额定电压；其额定电流应大于或等于熔体的额定电流。熔体额定电流选择方法如下：

（1）对于电阻性负载，如白炽灯、电炉等，可按熔体额定电流大于总的负载电来确定。

（2）对于单台三相异步电动机，可按熔体额定电流等于电动机额定电流的 1.5～2.5 倍来确定。

（3）对于多台三相异步电动机，可按熔体额定电流等于最大容量的那台电动机额定电流的 1.5～2.5 倍加上其余各台电动机额定电流的总和来确定。

注意：熔体熔断后，要找出熔体熔断的原因，排除故障后，再更换熔体。在更换新的熔体时，不能轻易改变熔体的规格，更不能使用铜丝或钢丝代替熔体。

（四）交流接触器

交流接触器（KM）是用来频繁接通和断开大容量的交流负载主电路的自动切换电器，它具有手动切换电器所不能实现的遥控功能，同时还具有欠电压、失电压保护的功能，接触器的主要控制对象是电动机。

交流接触器结构如图 9-5 所示，主要由三部分组成。

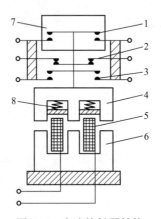

图 9-5　交流接触器结构

1—主触点；2—常闭辅助触点；3—常开辅助触点；4—动铁芯；5—电磁线圈；
6—静铁芯；7—灭弧罩；8—弹簧

1. 电磁系统

它由电磁线圈、动铁芯（衔铁）和静铁芯等组成，其作用是通过电磁控制主触点和辅助触点的通断。

2. 触点系统

触点系统主要用于通断电路或传递信号，分为主触点和辅助触点。主触点用以通断电流较大的主电路，一般由三对常开触点组成；辅助触点用以通断电流较小的控制电路，一般有常开和常闭各两对触点，常在控制电路中起电气自锁或互锁作用。

3. 灭弧装置

灭弧装置用来熄灭主触点在切断电路时所产生的电弧，保护触点不受电弧灼伤。20 A 以上的接触器中主触点上都装有陶瓷灭弧罩。

交流接触器是根据电磁原理工作的，图 9-5 中当电磁线圈 5 通电后产生磁场，使静铁芯 6 产生电磁吸力吸引动铁芯 4 向下运动，使主触点 1（一般三对）闭合，同时常闭辅助触点 2

（一般两对）断开，常开辅助触点 3（一般两对）闭合。当线圈断电时，电磁力消失，动触点在弹簧 8 作用下向上复位，各触点复原，即三对主触点断开、两对常闭辅助触点闭合、两对常开辅助触点断开。

交流接触器图形、文字符号如图 9-6 所示。

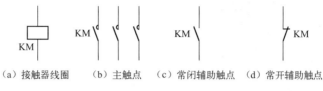

（a）接触器线圈　　（b）主触点　　（c）常闭辅助触点　　（d）常开辅助触点

图 9-6　交流接触器图形、文字符号

（五）中间继电器

中间继电器（KA）是一种用来转换控制信号的中间元件。主要用来增加控制电路中的信号数量及容量。常在其他继电器的触点数量和容量不够时，做扩展之用。

中间继电器的结构示意图和图形、文字符号如图 9-7 所示。其结构和原理与交流接触器基本相同，主要区别在于接触器主触点可以通过大电流，而中间继电器的触点只能通过小电流。所以，中间继电器只能用于控制电路中且无灭弧装置。

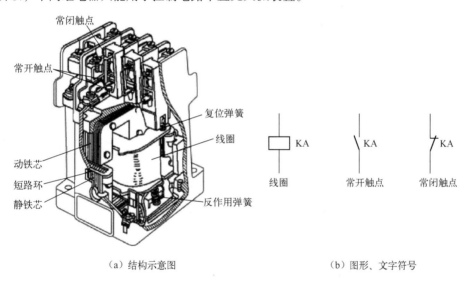

（a）结构示意图　　　　　　　　　　　　（b）图形、文字符号

图 9-7　中间继电器

（六）热继电器

热继电器（FR）是利用电流的热效应来切断电路的保护电器，主要用于电动机的过载、断相及电流不平衡的保护。

热继电器的结构示意图和图形、文字符号如图 9-8 所示。

热继电器是利用电流的热效应而动作的，使用时将发热元件接入电动机的主电路中，由于发热元件是一段绕制在具有不同膨胀系数的双金属上，且本身阻值不大的电阻丝，当电动机过载时，过载电流使发热元件发热过量，引起双金属片弯曲，推动动作机构使接在控制回路中的常闭触点断开，从而使接触器线圈失电，通过接触器主触点断开主回路，达到过载保护的目的。热继电器动作后，双金属片经过一段时间冷却，按下复位按钮即可复位。

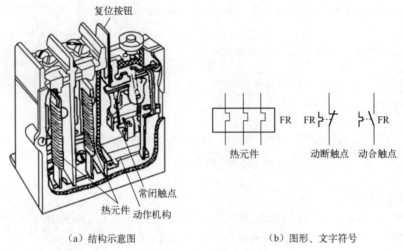

（a）结构示意图　　　　　　　　　　（b）图形、文字符号

图 9-8　热继电器

二、三相异步电动机的起动与调速分析

（一）起动方法

电动机从接通电源到正常运行的过程叫做起动过程。起动过程所需时间很短，一般在几秒以内。电动机的功率越大或负载越重，起动时间越长。生产过程中电动机都要起动与停车，其起动性能的好坏对生产有较大的影响。

三相异步电动机的起动性能主要指起动转矩和起动电流。三相异步电动机的起动转矩一般为额定转矩的 $1 \sim 1.2$ 倍，但是起动电流却很大。这是因为刚接通电源瞬间，旋转磁场的磁感线和转子之间的相对切割速度最高，转子感应电动势和转子电流都很大。根据电磁感应原理，定子电流也将很大，这时的电流称为起动电流 I_s。三相异步电动机的起动电流为额定电流的 $4 \sim 7$ 倍。由于起动过程较短，起动电流对电动机本身危害不大，但大的起动电流将导致供电电路的电压在电动机起动瞬间突然降落，以致影响同一线路上的其他电气设备的正常工作，如灯光的明显闪烁灯，因而必须设法限制起动电流。

三相异步电动机有如下几种起动方式。

1. 全压起动（直接起动）

电动机用额定电压起动时称为全压起动或直接起动。这种起动方法简单，但起动电流较大，将使线路电压下降，影响负载正常工作。直接起动的三相异步电动机，其容量不应超过动力供电变压器容量的 30%；频繁起动的异步电动机，其容量不应超过动力供电变压器的 20%；在线路电压允许的前提下，10 kW 以下的异步电动机可以直接起动。

2. 降压起动

对于容量较大的三相异步电动机，采用直接起动会引起电网电压严重波动。为了减小起动电流，电动机的定子绕组起动时采用降压起动。一旦电动机到达或接近额定转速时，再改变接法使电动机在额定电压下正常运行。要注意的是三相异步电动机的转矩与外加电压的二次方成正比，因此降压起动法仅适用于空载或轻载起动场合。

降压起动的方法很多，这里介绍两种常见的方法：

电路分析与测试（第二版）

（1）星形-三角形起动，即电动机正常工作时定子绕组若接成三角形，起动时可先接成星形，使定子绕组相电压降低为额定电压的 $1/\sqrt{3}$，等转速接近额定值时再换接成三角形。接线图如图9-9所示。

（2）自耦降压起动，即利用三相自耦变压器将电动机在起动过程中的端电压降低，以达到减小起动电流的目的，示意图如图9-10所示。自耦变压器备有40%、60%、80%等多种抽头，使用时要根据电动机起动转矩的要求具体选择。

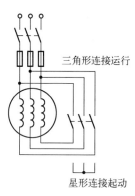

图9-9　星形-三角形起动接线示意图

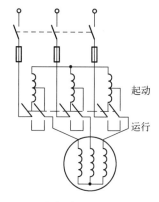

图9-10　自耦降压起动接线示意图

3. 绕线转子异步电动机转子回路串电阻起动

即在转子绕组串入附加电阻，以达到减小起动电流的目的，如图9-11所示。起动时将可调起动变阻器调在阻值最大位置，转子转动后，随着电动机转速的升高，逐步减小其阻值，当电动机接近额定转速时，把变阻器短接，电动机进入正常工作状态。

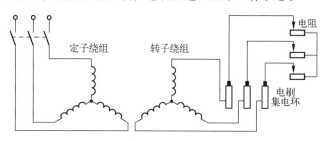

图9-11　转子回路串电阻接线示意图

（二）调速方法

所谓调速是指负载不变时人为地改变电动机的转速。根据电动机转速公式

$$n = (1-s)\, n_0 = (1-s)\frac{60f_1}{p}$$

可以看出，异步电动机可通过改变电源频率 f_1 或磁极对数 p 实现转速的改变。在绕线转子异步电动机中也可用改变转子电路电阻的方法调速。

1. 变极调速

变极调速是指通过改变异步电动机定子绕组的接线方式以改变电动机的磁极对数 p，从而实现调速的方法。变极调速只适用于笼形异步电动机。变极调速将使转速成倍变化，不能平滑调速，是有级调速。

2. 变频调速

变频调速是通过变频设备使电源频率连续可调，从而使电动机的转速连续可调，这是一种无级调速。变频调速原理图如图9-12所示，它由整流电路和逆变电路组成，交流电源经过整流电路后变为直流电源，再经过逆变电路变换为频率和电压可调的三相交流电，然后供给电动机。变频调速的调速范围大，机械性能好，得到越来越多的应用，成为当今调速技术的发展方向。

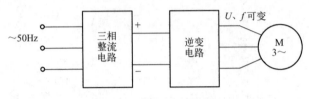

图9-12　变频调速原理图

三、三相异步电动机简单控制电路

（一）手动正转控制电路

利用刀开关控制电动机电路如图9-13所示。在一般工厂中使用的三相电风扇及砂轮机等设备常采用这种控制电路。这种电路简单常用。图中QS表示刀开关。当合上刀开关，电动机就能转动，从而带动生产机械旋转。断开刀开关，电动机停止运行。手动控制电路多用于不频繁起动电动机的场合。

（二）三相异步电动机点动控制电路

交流接触器控制的三相异步电动机点动控制电路，用交流接触器取代刀开关后，即使在频繁起动场合，电动机也可以放心使用。

图9-14为三相异步电动机点动控制电路的电气原理图，由主电路和控制电路两部分组成。主电路中电源开关QS起隔离电源的作用。熔断器FU_1对主电路进行短路保护，主电路的接通和分断是由接触器KM的三相主触点完成的。由于点动控制，电动机运行的时间短，所以不设置过载保护。控制电路中熔断器FU_2做短路保护。常开按钮SB控制KM电磁线圈的通断。

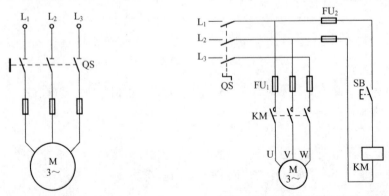

图9-13　手动正转控制电路　　图9-14　三相异步电动机点动控制电路的电气原理图

三相异步电动机点动控制电路工作原理如下：

起动：合上电源开关QS，引入三相电源，按下常开按钮SB，交流接触器KM的线圈得电，使衔铁吸合，同时带动 KM 的三对主触点闭合，电动机 M 接通电源起动运转。

停止：当需要电动机停转时，松开按钮 SB，其常开触点恢复断开，交流接触器 KM 的线圈失电，衔铁恢复断开，同时通过连动支架带动 KM 的三对主触点恢复断开，电动机 M 失电停转。

（三）三相异步电动机单方向连续运转控制电路

图 9-15 为三相笼形异步电动机连续运行控制线路。电路在点动控制电路的基础上，在启动按钮两端并联接触器常开辅助触点，串入停止常闭按钮，另外增设热继电器，起过载保护作用。

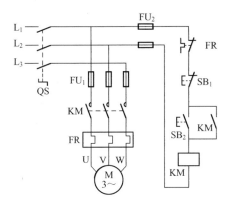

图 9-15　三相异步电动机单方向连续运转控制电路

三相异步电动机单方向连续运转控制电路工作原理如下：

起动：合上电源开关 QS，然后按下起动按钮 SB$_2$，交流接触器 KM 的线圈得电，接触器 KM 的三对主触点闭合，电动机 M 便接通电源直接起动运转。与此同时与 SB$_2$ 并联的接触器常开辅助触点 KM 闭合。这样，即使松开按钮 SB$_2$ 时，接触器 KM 的线圈仍可通过 KM 触点通电，从而保持电动机的连续运转。

停止：按下停止按钮 SB$_1$，将接触器线圈回路切断，这时接触器 KM 断电释放，KM 的三相常开主触点恢复断开，切断三相电源，电动机 M 失电停止运转。

图 9-15 电路中与起动按钮并联的 KM 辅助常开触点，在松开起动按钮 SB$_2$ 后，仍使接触器 KM 线圈保持通电的控制方式叫做"自锁"，这个常开辅助触点称为自锁触点。

（四）三相异步电动机正反转控制电路

在生产加工过程中，往往要求电动机能够实现可逆运行，如机床工作台的前进与后退、主轴的正转与反转、起重机的上升与下降等，这就要求电动机可以正反转。

由电动机的原理可知，若改变通入电动机定子绕组的三相电源相序，即把接入电动机三相电源进线中的任意两根对调接线时，电动机就可以反转。所以正反转运行控制电路实质上是两个方向相反的单向运行电路，图 9-16 为接触器互锁的正反转控制电路。电路中采用两个接触器，即正转用的 KM$_1$ 和反转用的 KM$_2$。它们分别由正转按钮 SB$_1$ 和反转按钮 SB$_2$ 控制。

电路的工作原理如下：

先合上电源开关 QS。

正转起动：按下按钮 SB$_1$，接触器 KM$_1$ 线圈得电，根据接触器触点的动作顺序可知，其常闭辅助触点先断开，切断 KM$_2$ 线圈回路，起到互锁作用，然后 KM$_1$ 自锁触点闭合，自锁KM$_1$ 主触点闭合，电动机 M 起动正转运行。

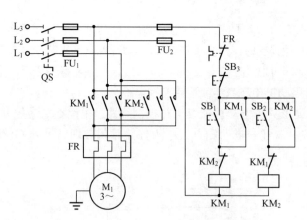

图 9-16　三相异步电动机正反转控制电路

反转起动：先按下停止按钮 SB$_3$，KM$_1$ 线圈失电，KM$_1$ 的常开主触点断开，电动机 M 失电停转，KM$_1$ 的常开辅助触点断开；解除自锁，KM$_1$ 的常闭辅助触点恢复闭合，解除对 KM$_2$ 的互锁。然后，再按下起动按钮 SB$_2$，KM$_2$ 线圈得电，KM$_2$ 的常闭辅助触点断开对 KM$_1$ 互锁，KM$_2$ 的常开主触点闭合，电动机 M 起动反转运行，KM$_2$ 的常开辅助触点闭合自锁，电动机 M 起动反转运行。

停止：按下停止按钮 SB$_3$，控制电路失电，KM$_1$（或 KM$_2$）主触点断开，电动机 M 失电停转。

从主回路上看，若 KM$_1$ 和 KM$_2$ 两个接触器同时工作时，将引起电源短路。所以控制电路中要求两个接触器不能同时工作。这种在同一时间里两个接触器只允许一个工作的控制要求称为"互锁"。为实现互锁，只要将正转接触器的常闭辅助触点串入反转接触器的线圈电路中，而将反转检测的常闭辅助触点串入正转接触器的线圈电路中。这两个常闭触点称为互锁触点。此电路的缺点是，每次切换转向，必须停车。

四、控制电路的安装步骤

（1）按照图样整理出元器件清单，按所需型号、规格配齐元器件，并进行检验，不合格者必须更换。

（2）按照图样上元器件的编号顺序，将所用元器件安装在控制板上或控制箱内适当位置，在明显的地方贴上编号。

（3）正确选用导线。

（4）根据接线柱的不同形状，对线头加工，接牢在接线柱上。

（5）完成控制板（箱）引出线与其他电气设备间的线路连接，连接应采用金属软管或钢管加以保护。

（6）对照图样检查接线是否正确，安装是否牢固，接触是否良好。

（7）将电气箱体（金属板）、电动机外壳及金属管道可靠接地。检测电气线路绝缘是否符合要求，合格后通电试车。

五、控制电路故障检查

发生故障时，先要对故障现象进行调查，了解故障前后的异常现象，找出简单故障的部位及元件。对较为复杂的故障，也可确定故障的大致范围。

常用的故障检查方法有电压法、电阻法、短接法。

（一）电压测量法

图 9-17 为测量示意图。按下起动按钮 SB_2，正常时，KM_1 吸合并自锁。将万用表置于交流 500 V 挡，测量电路中（1-2）、（2-3）、（3-4）、（4-5）各段电压均应为 0，（5-6）两点电压应为 380 V。

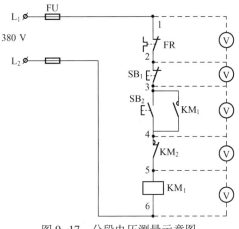

图 9-17　分段电压测量示意图

1. 触点故障

按下 SB_2，若 KM_1 不吸合，可用万用表测量（1-6）之间的电压，若测得电压为 380 V，说明电源电压正常，熔断器是好的，可接着测量（1-5）之间各段电压，如（1-2）之间电压为 380 V，则热继电器 FR 保护触点已动作或接触不良；如（4-5）之间电压为 380 V，则 KM_2 触点或连接导线有故障。

2. 线圈故障

若（1-5）之间各段电压均为 0，（5-6）之间的电压为 380 V，而 KM_1 不吸合，则故障是 KM_1 线圈或连接导线断开。

3. 分阶测量法

一般是将电压表的一根表笔固定在线路的一端（如图 9-17 的 6 点），另一根表笔由下而上依次接到 5、4、3、2、1 各点，正常时，电表读数为电源电压。若无读数，则表笔逐级上移，当移至某点读数正常，说明该点以前触点或接线完好，故障一般是此点后第一个触点（即刚跨过的触点）或连线断路。

（二）电阻测量法

电阻测量法分为分段测量法和分阶测量法，图 9-18 为分段电阻测量示意图。

检查时，先断开电源，把万用表拨到电阻挡，然后逐段测量相邻两标号点（1-2）、（2-3）、（3-4）、（4-5）之间的电阻。若测得某两点间电阻很大，说明该触点接触不良或导线断路；若测得（5-6）间电阻很大（趋于无穷大），则线圈断线或接线脱落。若电阻接近零，则线圈可能短路。

（三）短接法

对断路故障，如导线断路、虚连、虚焊、触点接触不良、熔断器熔断等，用短接法查找往往比用电压法和电阻法更为快捷。检查时，只需用一根绝缘良好的导线将所怀疑的断路部位短接。当短接到某处，电路接通，说明故障就在该处。

图 9-18　分段电阻测量示意图

1. 局部短接法

局部短接法的示意图如图 9-19 所示。

按下 SB_2 时，若 KM_1 不吸合，说明电路中存在故障，可运用局部短接法进行检查。在电压正常的情况下，按下 SB_2 不放，用一根绝缘良好的导线，分别短接标号相邻的两点，如（1-2）、（2-3）、（3-4）、（4-5）。当短接到某两点时，KM_1 吸合，说明这两点间存在断路故障。

2. 长短接法

用导线一次短接两个或多个触点查找故障的方法。

相对局部短接法，长短接法有两个重要作用和优点。一是在两个以上触点同时接触不良时，局部短接法很容易造成判断错误，而长短接法可避免误判。以图 9-19 为例，先用长短接法将（1-5）点短接，如果 KM_1 吸合，说明（1-5）这段电路有断

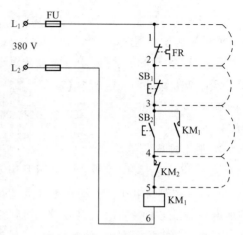

图 9-19　局部短接法的示意图

路故障，然后再用局部短接法或电压法、电阻法逐段检查，找出故障点；二是使用长短接法，可把故障压缩到一个较小的范围。如先短接（1-3）点，KM_1 不吸合，再短接（3-5）点，KM_1 能吸合，说明故障在（3-5）点之间电路中，再用局部短接法即可确定故障点。

　任务实施

一、任务分析

本任务要完成三个控制电路的实现，三个电路由易到难，分别是三相异步电动机手动控制电路，单方向连续运转电路和正反转控制电路。每个的电路实现都要求，识读控制电路图并分析电路工作原理、选择和检测所需元器件、绘制元器件布置图和布线示意图、安装电路、试车与故障调试，并设计和填写合适的元器件清单和故障记录表。

在任务实施之前，应做好以下准备工作：

（1）以团队形式合作实施任务，每队确定组长人选，并由组长对团队成员进行分工；

（2）明晰任务要求，列出实施任务用到的元器件、工具、辅助设备等；

（3）编制任务实施方案，包括电气设备检测方案、控制电路接线方案和故障检查方案等；

（4）分析讨论任务实施过程中的注意事项；

（5）将以上分析内容填入表 9-1 中。

表 9-1　任务实施方案表

任务编号	任务名称		小组编号	组长	组员及分工
器材、工具及辅助设备					
任务实施方案	低压电器识别检测方案				
	控制电路识图方案				
	控制电路接线方案				
	故障检查方案				
注意事项					

二、完成任务

（1）画出三相异步电动机手动控制、单方向连续运转和正反转控制电路图。

（2）根据电气控制电路分别清理并检测三个控制电路所需元器件，将元器件型号、规格、质量状况记入表9-2中。

表9-2 元器件明细表

元器件符号	名　　称	型　　号	质量情况说明	电路中作用

（3）根据提供的控制电路原理图，在事先准备的配电板上，按照控制电路布置元器件，画出元器件布置图和布线示意图，并连接好电路。

（4）检查后通电试车。若有故障，请排除故障，并将故障元器件、故障点、故障现象填写在故障记录表9-3中，直到电路正常工作为止。（也可自行设计表格形式。）

表9-3 故障记录表

序号	故 障 现 象	故障点（元件）	排除故障方法
1			
2			
3			
4			
5			
……			

 考核评价

根据任务完成情况及评价项目，学生进行自评。同时组长负责组织成员讨论，给小组每位成员进行评价。结合教师评价、小组评价及自评评价，完成考核评价环节。考核评价表如表9-4所示。

表 9-4　考核评价表

任务编号及名称					
班级		小组编号		姓名	
小组成员	组长	组员	组员	组员	组员
自我评价	评价项目	标准分	评价分	主要问题	
	任务要求认知程度	10			
	相关知识掌握程度	15			
	专业知识应用程度	15			
	信息收集处理能力	10			
	动手操作能力	20			
	数据分析处理能力	10			
	团队合作能力	10			
	沟通表达能力	10			
	合计评分				
小组评价	专业展示能力	20			
	团队合作能力	20			
	沟通表达能力	20			
	创新能力	20			
	应急情况处理能力	20			
	合计评分				
教师评价					
总评分					
备注	总评分=教师评价（50%）+小组评价（30%）+自我评价（20%）				

单相异步电动机的正反转、调试及常见故障处理

一、单相异步电动机的正反转

要使单相异步电动机反转必须使旋转磁场反转，从图9-20两相旋转磁场的原理图中可以看出，有两种方法可以改变单相异步电动机的转向。

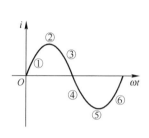
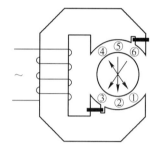

（a）单相交流电流　　　　　（b）罩极式异步电动机的磁场

图 9-20　单相罩极式异步电动机的工作原理

1. 将主绕组或副绕组的首末对调

因为单相异步电动机的转向是由工作绕组与起动绕组所产生磁场的相位差来决定的，一般情况下，起动绕组中的电流超前于工作绕组的电流，从而起动绕组产生的磁场也超前于工作绕组，所以旋转磁场是由起动绕组的轴线转向工作绕组的轴线。如果把其中一个绕组反接，等于把这个绕组的磁场相位改变180°，若原来起动绕组的磁场超前工作绕组90°，则改接后变成滞后90°，所以旋转磁场的方向也随之改变，转子跟着反转。这种方法一般用于不需要频繁反转的场合。

2. 将电容器从一个绕组改接到另一个绕组

在单相电容运行异步电动机中，若两相绕组做成完全对称，即匝数相等，空间相位相差90°角度，则串联电容器的绕组中的电流超前于电压，而不串联电容器的那相绕组中的电流落后于电压。转向由串联电容器的绕组转向不串联电容器的绕组。电容器的位置改接后，旋转磁场和转子的转向自然跟着改变。可用这种方法来改变转向，由于电路比较简单，所以用于需要频繁正反转的场合。洗衣机中常用的正反转控制电路如图9-21所示。

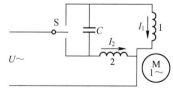

图 9-21　洗衣机中常用的
正反转控制电路

单相罩极式异步电动机和带有离心开关的电动机，一般不能改变转向。

二、单相异步电动机的调速

单相异步电动机与三相异步电动机一样，转速的调节也比较困难。若采用变频调速，则设备复杂，成本高。因此，一般只采用简单的降压调速。

1. 串联电抗器调速

将电抗器与电动机定子绕组串联，利用电流在电抗器上产生的压降，使加到电动机定子绕组上的电压低于电源电压，从而达到降低电动机转速的目的。因此用串联电抗器调速时电动机的转速只能由额定转速往低调。图 9-22 为吊扇串联电抗器调速的电路图。改变电抗器的抽头连接可得到高低不同的转速。

2. 定子绕组抽头调速

为了节约材料、降低成本，可把调速电抗器与定子绕组做成一体。由单相电容运行异步电动机组成的台扇和落地扇，普遍采用定子绕组抽头调速的方法。这种电动机的定子铁心槽中嵌放有工作绕组 1、起动绕组 2 和调速绕组 3，通过调速开关改变调速绕组与起动绕组及工作绕组的接线方法，从而达到改变电动机内部旋转磁场的强弱，实现调速的目的。

图 9-23 是台扇抽头调速的原理图。这种调速方法的优点是不需要电抗器、节省材料、耗电少。缺点是绕组嵌线和接线比较复杂，电动机与调速开关之间的连线较多，所以不适合于吊扇。

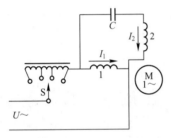

图 9-22 串联电抗器调速

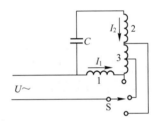

图 9-23 定子

3. 绕组抽头调速双向晶闸管调速

如果去掉电抗器，又不想增加定子绕组的复杂程度，单相异步电动机还可采用双向晶闸管调速。调速时，旋转控制线路中的带开关电位器，就能改变双向晶闸管的控制角，使电动机得到不同的电压，达到调速的目的，如图 9-24 所示。这种调速方法可以实现无级调速，控制简单，效率较高。缺点是电压波形差，存在电磁干扰。目前这种调速方法常用于吊扇上。

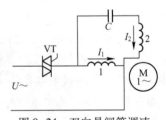

图 9-24 双向晶闸管调速

三、单相异步电动机的常见故障与处理

单相异步电动机的维护与三相异步电动机相似，要经常注意电动机转速是否正常，能否正常起动，温升是否过高，声音是否正常，振动是否过大，有无焦味等。

单相异步电动机的常见故障及处理方法如表 9-5 所示。

表 9-5　单相异步电动机常见故障及处理方法

故 障 现 象	可能的故障原因	处 理 方 法
无法起动	1. 电源电压不正常 2. 定子绕组断路 3. 电容器损坏 4. 离心开关触点接触不良 5. 转子卡住 6. 过载	1. 检查电源电压是否过低 2. 用万用表检查定子绕组是否完好，接线是否良好 3. 用万用表检查电容器的好坏 4. 修理或更换 5. 检查轴承是否灵活，定转子是否相碰，传动机构是否受阻 6. 检查所带负载是否正常
起动缓慢，转速过低	1. 电源电压偏低 2. 绕组匝间短路 3. 电容器击穿或容量减小 4. 电动机负载过重	1. 找出原因提高电源电压 2. 修理或更换绕组 3. 更换电容器 4. 检查轴承及负载情况
电动机过热	1. 绕组短路或接地 2. 工作绕组与起动绕组相互接错 3. 离心开关触点无法断开，起动绕组长期运行	1. 找出故障处、修理或更换 2. 调换接法 3. 修理或更换离心开关
电动机噪声和振动过大	1. 绕组短路或接地 2. 轴承损坏或缺润滑油 3. 定子与转子的气隙中有杂物 4. 电风扇风叶变形	1. 找出故障点，修理或更换 2. 更换轴承或加润滑油 3. 清除杂物 4. 修理或更换

小　结

（1）按钮（SB）是一种常用的控制电器，常用来接通或断开小电流的控制电路，从而达到控制电动机或其他电气设备运行目的的一种开关。

（2）熔断器（FU）是最简单有效的短路保护电器，当电路发生短路故障时能自动迅速地切断电源。

（3）交流接触器（KM）是用来频繁接通和断开大容量的交流负载主电路的自动切换电器，它具有手动切换电器所不能实现的遥控功能，同时还具有欠电压、失电压保护的功能，接触器的主要控制对象是电动机。

（4）热继电器（FR）是利用电流的热效应来切断电路的保护电器，主要用于电动机的过载、断相及电流不平衡的保护。

（5）异步电动机的起动性能主要指起动转矩和起动电流。异步电动机的起动转矩一般为额定转矩的 $1 \sim 1.2$ 倍，起动电流为额定电流的 $4 \sim 7$ 倍。

（6）三相异步电动机有全压起动（直接起动）、降压起动和绕线转子异步电动机转子回路串电阻起动三种起动方式。

（7）三相异步电动机常用调速方法有变极调速和变频调速两种。

（8）连续运转控制电路中与起动按钮并联的 KM 辅助常开触点，在松开起动按钮后，仍使接触器 KM 线圈保持通电的控制方式叫作"自锁"，这个常开辅助触点称为自锁触点。

（9）控制电路中若要求两个接触器不能同时工作，这种在同一时间里两个接触器只允许一个工作的控制要求称为互锁。为实现互锁，只要将正转接触器的辅助常闭触点串入反转接触器的线圈电路中，而将反转检测的辅助常闭触点串入正转接触器的线圈电路中。这两个常闭触点称为互锁触点。

习 题 九

一、选择题

1. 下图 9-25 所示三相笼形异步电动机的单向运行控制电路中正确的是（   ）。

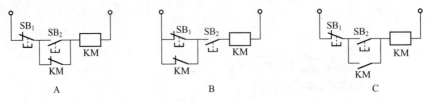

图 9-25 选择题 1 电路

2. 在三相异步电动机的正反转控制电路中，正转接触器 KM_1 和反转接触器 KM_2 之间的互锁作用是由（   ）连接方法实现的。

A. KM_1 的线圈与 KM_2 的常闭辅助触点串联，KM_2 的线圈与 KM_1 的常闭辅助触点串联

B. KM_1 的线圈与 KM_2 的常开触点串联，KM_2 的线圈与 KM_1 的常开触点串联

C. KM_1 的线圈与 KM_2 的常闭触点串联，KM_2 的线圈与 KM_1 的常开触点串联

D. KM_1 的线圈与 KM_1 的常闭辅助触点串联，KM_2 的线圈与 KM_2 的常闭辅助触点串联

3. 接触器的额定工作电压是指（   ）的工作电压。

A. 主触点　　　B. 辅助触点　　　C. 线圈　　　D. 其他

4. 接触器的自锁控制线路中的自锁功能由接触器的（   ）完成。

A. 主触点　　　B. 常开辅助触点　　C. 辅助常闭触点　　D. 线圈

5. 降低电源电压后，三相异步电动机的起动电流将（   ）。

A. 减小　　　B. 不变　　　C. 增大　　　D. 不确定

6. 在继电器控制电路中，热继电器的主要作用是（   ）。

A. 短路保护　　B. 过载保护　　C. 欠电压保护　　D. 过电压保护

7. 三相异步电动机采用星形-三角形起动时，适应于定子绕组为三角形连接的（   ）起动。

A. 轻载或空载　　　　　　　　B. 重载

C. 轻载与重载　　　　　　　　D. 空载、轻载、重载都适合

8. 三相异步电动机采用星形-三角形起动时，其起动电流为直接起动时电流的（   ）。

A. 3 倍　　　B. 1/3　　　C. 1/2　　　D. 2 倍

二、判断题

1. 由铁芯、线圈、衔铁组成的磁路系统叫作电磁机构。（   ）

2. 继电器的触点是用来通断主电路，接触器的触点是用来分断控制电路的。（   ）

3. 熔断器是一种用于过热和断路的保护电器。（   ）

4. 点动控制与连续运转控制根本区别在于电路中是否有无延时互锁电路。（   ）

5. 电动机的正反转控制电路主要取决于电路中是否安装了倒顺开关。（　　）

6. 电动机全压起动就是把定子绕组接在额定电压的电源上直接起动。（　　）

7. 熔断器对略大于负载额定电流的过载保护是十分可靠的。（　　）

8. 接触器常开辅助触点闭合时接触不良，则自锁电路不能正常工作。（　　）

9. 电气控制电路图中各电器的触点所处的状态都是按电磁线圈未通电或电器未受外力作用时的常态画出的。（　　）

10. 一台三相380 V星形连接的笼形异步电动机，可采用星形-三角形降压起动。（　　）

三、简答题

1. 热继电器主要由哪几部分构成？各部分应连接在电路的什么地方？其作用是什么？

2. 试述接触器的主要组成及各部分功能，画出各部分的图形符号，标出相应文字符号。

3. 熔断器用于三相异步电动机控制时，熔体的额定电流应如何选择？

4. 接触器和按钮都是控制电路通断的电器，它们的控制对象有何不同？

5. 笼形三相异步电动机的降压起动方法有哪几种？调速方法又有哪几种？

6. 什么是起动？如何判断三相异步电动机能否直接起动？

7. 简述电动机点动控制、单向运转控制和正反转控制线路的工作过程。

8. 试述什么是自锁、互锁？它们在控制电路中各起什么作用？

9. 主电路中的电流与控制电路中的电流有何区别？

10. 图9-26所示电路中电动机既可点动也可连续运行，试分析出它们的工作原理。

11. 图9-27所示电路是具有双重互锁的正反转控制电路，分析其控制原理。

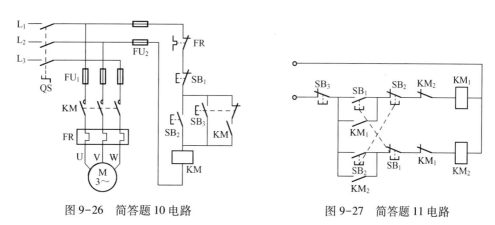

图9-26　简答题10电路　　　　　　图9-27　简答题11电路

12. 试设计能在两处用按钮直接起动和停止三相异步电动机的控制电路。